RAL · NEU 研究报告　No. 0002

850mm 不锈钢
两级自动化控制系统研究与应用

轧制技术及连轧自动化国家重点实验室
（东北大学）

北 京
冶 金 工 业 出 版 社
2014

内 容 简 介

本书介绍了不锈钢热连轧生产过程两级自动化控制系统，其中基础自动化系统包括带钢热连轧过程高精度的自动厚度控制、自动宽度控制、微张力控制、连轧活套高度和张力的解耦智能控制、热卷箱控制以及地下卷取机的助卷辊自动踏步控制，过程自动化系统包括过程控制系统平台、轧制力数学模型、宽度控制模型、轧制力矩模型、辊缝模型、温度数学模型、模型自学习等。这个新型两级自动化系统的结构、网络配置、硬件和软件的选型和集成、控制功能和应用软件的内容均具有当代大型热连轧自动化系统的特征，是新一代功能齐全的热连轧自动化系统。

本书可供从事冶金自动化或金属塑性成型专业的科研人员及工程技术人员学习与参考。

图书在版编目(CIP)数据

850mm 不锈钢两级自动化控制系统研究与应用/轧制技术及连轧自动化国家重点实验室(东北大学)著．—北京：冶金工业出版社，2014. 9

(RAL · NEU 研究报告)

ISBN 978-7-5024-6687-9

Ⅰ. ①8… Ⅱ. ①轧… Ⅲ. ①不锈钢—轧制—自动生产线—计算机控制系统—研究 Ⅳ. ①TG337. 5

中国版本图书馆 CIP 数据核字（2014）第 211375 号

出 版 人　谭学余
地　　址　北京市东城区嵩祝院北巷 39 号　邮编　100009　电话　(010)64027926
网　　址　www. cnmip. com. cn　电子信箱　yjcbs@ cnmip. com. cn
责任编辑　卢　敏　美术编辑　彭子赫　版式设计　孙跃红
责任校对　郑　娟　责任印制　牛晓波
ISBN 978-7-5024-6687-9
冶金工业出版社出版发行；各地新华书店经销；北京百善印刷厂印刷
2014 年 9 月第 1 版，2014 年 9 月第 1 次印刷
169mm×239mm；9. 75 印张；155 千字；140 页
38. 00 元

冶金工业出版社　投稿电话　(010)64027932　投稿信箱　tougao@cnmip. com. cn
冶金工业出版社营销中心　电话　(010)64044283　传真　(010)64027893
冶金书店　地址　北京市东四西大街46 号(100010)　电话　(010)65289081(兼传真)
冶金工业出版社天猫旗舰店　yjgy. tmall. com
(本书如有印装质量问题，本社营销中心负责退换)

研究项目概述

1. 研究项目背景与立题依据

近年来，随着国际、国内钢铁市场竞争加剧，企业生产规模的大小和产品质量的好坏决定了企业在市场竞争中的地位。一方面用户对产品质量提出了更高的要求，过程计算机在生产过程中的作用就显得更为重要；另一方面企业为了加强对物流与信息流的管理，需要二级自动化系统的支持。同时为了满足产量日益增长、规格不断扩大、质量要求更加严格的热轧生产需要，手动或半自动轧钢对产品质量的控制已经远远不能满足目前生产的需要。这个新型两级自动化系统其系统结构、网络的配置、硬件和软件的选型和集成，控制功能和应用软件的内容均具有当代大型热连轧自动化系统的特征，是新一代功能齐全的热连轧自动化系统。

热连轧机组两级自动化系统是由多台高性能网络服务器构成过程控制级，由总计几十台工业控制计算机、高性能通用控制器、大中型 PLC 构成 HMI 和基础自动化级的大型复杂自动化系统，几乎涵盖了所有轧制过程自动化的控制功能，要求高精度的控制和快速响应的能力，是一种难度高、系统复杂、技术先进且最具代表性的轧制过程自动化系统。世界上能承担如此复杂自动化系统工程也主要是德国的西门子公司、日本的三菱公司等几家特大型电气自动化公司，可以说能够独立承担全套热连轧自动化系统工程，标志其自动化系统工程技术水平达到国际先进水平。

广东揭阳宝山 850mm 不锈钢生产线由东北大学轧制技术及连轧自动化国家重点实验室（RAL）自动化总承包，于 2013 年 9 月 10 日顺利过钢，并投入生产。该生产线粗轧区配置有 1 个立辊轧机和 1 架 2 辊平辊轧机，在中间辊道配置有热卷箱、飞剪，精轧机由 1 架立辊和 8 架四辊平辊轧机组成，卷取区配有地下卷取机。自动化系统配备有两级计算机控制系统，基础自动化采用 SIEMENS PLC，过程计算机采用 DELL 服务器，该项目是 RAL 承担的首套不锈钢热连轧生产线的全线自动化项目，主要生产厚度为2.4~1.8mm的不锈钢板带。

2. 研究进展与成果

广东揭阳宝山850mm不锈钢生产线自动化控制系统由基础自动化和过程自动化组成。基础自动化系统涵盖了热连轧过程高精度的自动厚度控制、自动宽度控制、微张力控制和连轧活套高度和张力的解耦智能控制，实现了地下卷取机的助卷辊自动踏步控制。过程自动化系统的创新主要是采用分区隔离、多层子网和主干网相结合，通用以太网与专用快速数据交换网相结合和大量使用现场总线I/O的结构。特别适合于多厂商产品大型复杂自动化系统的集成，提高了系统的可靠性和兼容性。开发出过程控制计算机系统控制运行平台，包括进程和线程的管理，数据管理，在线系统诊断和维护，系统模拟功能。提供数据通讯、轧件跟踪，轧制过程模型和报表打印的调试维护工具。研制多种高性能的轧制过程数学模型，创造了一种系统快速双重化切换方式，形成了具有自主知识产权的热连轧两级自动化系统的成套技术。

实现了粗轧机组基础自动化控制系统功能。粗轧机组基础自动化功能包括逻辑控制和状态监视、位置自动控制和速度给定控制、立辊轧机和平辊轧机之间的微张力控制以及自动宽度控制（AWC）。粗轧机组立辊轧机和平辊轧机进行轧制时形成连轧，采用头部力臂记忆法（轧制力轧制力矩比记忆）实现二者之间的微张力控制。粗轧自动宽度控制功能包括作用于轧制非稳定段的头尾短行程控制（Short Stroke Control）以及作用于轧制稳定段的轧制力反馈控制（Roll Force AWC）和前馈控制（Feed Forward AWC），此外还可包括立辊动态设定（Dynamic Set Up）。

热卷箱基础自动化控制系统的实现：热卷箱系统主要由成型系统、开卷系统、移送系统及夹送系统组成。成型系统通过系统内设备相互协调动作，完成从粗轧来的中间坯的卷取工作；开卷系统对卷取好的热卷进行开卷；移送系统完成钢卷的无芯移送过程，实现连轧连卷；夹送系统对开卷后的钢卷起稳定作用，使钢卷顺利到达精轧机组。

精轧机组基础自动化控制系统的实现：建立带钢出口厚度变化与轧件入

口厚度、塑性系数之间的关系模型，将轧件塑性系数和厚度作为前馈信息的前馈厚度控制策略，开发塑性系数前馈 AGC 控制系统功能、塑性系数预测方法和前馈 AGC 辊缝修正量计算方法。开发用于前馈 AGC 控制的带钢跟踪技术，建立按长度划分跟踪单元的方法和带钢前滑系数的在线测量方法。在活套起套过程中，在活套电机的速度设定和力矩设定上，采用了“软接触”定位控制。活套起套与带钢的软接触过程完成后，如果活套的高度（长度）偏差较大，大于活套设定高度（长度）的 20%，则采用模糊高度控制器。在活套调节过程中，如果活套的高度（长度）偏差小于活套设定高度（长度）的 20%，则活套高度控制自动转为 PID 控制方式，并将由交叉控制器和 PID 相结合的多变量活套解耦控制策略亦投入运行。

过程控制系统应用平台开发：针对广东 850mm 不锈钢热连轧生产线特点自行设计了符合现场实际要求的基于 Windows 的热连轧过程控制系统应用平台，平台采用多进程结构，进程内部采用一任务一线程的新型模式，大大提高了系统的稳定性和降低各功能模块间的耦合性。平台的功能包括进程管理、网络通信、数据采集和数据管理、过程跟踪。网络通信功能负责通过工业以太网与基础自动化、人机界面和过程机间的数据通信；数据采集和数据管理功能负责数据库的相关操作，记录轧制过程中的所有数据；过程跟踪功能负责带钢跟踪和线程调度。平台采用高速的事件信号触发方式来调度模型计算。

粗轧过程控制计算机系统及模型开发：建立粗轧过程中的温度计算、负荷计算、宽度计算等数学模型，开发了适用于粗轧过程控制的各种实用数学模型的形式，并选用指数平滑法进行模型的自学习。温度计算包括了空冷、水冷、轧件与轧辊接触导热、轧制变形生成热、摩擦生成热、轧件温度分布等模型；负荷计算选用不包含化学成分影响的变形抗力模型并根据不同钢种存储模型系数，计算接触弧长和接触面积时考虑轧辊压扁影响，使用西姆斯公式完整形式计算外摩擦影响系数，考虑了粗轧平轧和立轧时的外端影响系数；宽度计算时将粗轧立轧后的平轧过程视为消除狗骨轧制和后续平轧两个阶段，分别给出了计算狗骨宽展和自然宽展的模型形式。

短行程控制曲线设定：由于立辊的侧压使得带钢的头尾缩窄和呈鱼尾形，

为了减少这种带钢头尾失宽，提高带钢宽度控制精度，采用短行程控制。模型中的参数可以通过对现场的大量实际数据进行处理而得到。它利用立辊轧制随后的平辊头尾出口实际宽度偏差值，得到立辊开口度修正曲线，由实际的开口度修正曲线，求得短行程控制曲线。为了提高模型精度，按钢种、目标卷宽和目标卷厚等划分层别，同一层别内的产品采用相同的模型参数，并可以通过自学习机能不断修正。

精轧过程控制计算机系统及模型开发。建立了热轧带钢精轧温度计算模型，采用分区补偿方法用于温度模型自学习，该方法按一定的分配系数将精轧机组出口温度预测值与实测值之间的偏差分配给各个冷却区段，温度偏差分配系数可以根据各机架轧制力进行调节。轧制力模型、辊缝位置模型和精轧穿带自适应模型三方面着手，来提高带钢头部厚度控制精度。考虑了残余应变和机架间张力对轧制力的影响，建立了高精度轧制力模型；采用影响函数法分析了轧件宽度对轧机弹跳的影响规律，在此基础上得到了轧机弹跳宽度补偿的回归模型。

广东揭阳 850mm 不锈钢热连轧控制中，实现了两级计算机系统的全自动轧制。通过基础自动化系统实现了带钢热连轧过程高精度的自动厚度控制（AGC）、自动宽度控制（AWC）、微张力控制（TFC）和连轧活套高度和张力的解耦智能控制，实现了地下卷取机的助卷辊自动踏步控制（AJC）。由于这一系列独有先进控制技术的采用，可以使轧制力预报精度达到95%以上，保证换辊或换规格的第一块钢的厚度和宽度命中率达到97.7%，第2块钢的厚度和宽度精度100%命中，成品带钢宽度偏差可以控制在0~3mm之内，厚度为2mm的带钢厚度偏差可控制在±15μm内。

3. 论文与专利

论文：

（1）Ding Jingguo，Qu Lili，Hu Xianlei，Liu Xianghua. Application of Temperature Inference Method based on Soft Sensor Technique in Plate Production Process. Journal of Iron and Steel Research，2011，3（18）：24~27.

（2）Ding Jingguo，Qu Lili，Hu Xianlei，Liu Xianghua. Short Stroke Control with Gaussian Curve and PSO Algorithm in Plate Rolling Process. Journal of Harbin Institute of Technology (New Series), 2013, 4 (20): 93~97.

(3) 彭文，张殿华，曹剑钊，刘子英. 基于稳态误差的热连轧弹跳方程优化算法 [J]. 东北大学学报（自然科学版), 2013, 34 (4): 528~531.

(4) 彭文，姬亚锋，李影，张殿华，等. 热轧带钢轧制节奏的优化 [J]. 轧钢. 2013, 30 (5): 44~46.

(5) 彭文，张殿华，龚殿尧，等. 采用起套系数法提高精轧速度设定精度的研究 [J]. 冶金自动化, 2013, (06).

(6) 彭文，陈树宗，丁敬国，张殿华. 基于惩罚项的热连轧轧制规程多目标函数优化 [J]. 沈阳工业大学学报, 2014, 36 (1): 45~50.

(7) Peng Wen, Liu Ziying, Cao Jianzhao, Zhang Dianhua. Optimization of Temperature and Force Adaptation Algorithm in Hot Strip Mill [J]. Journal of Iron and Steel Research (international), 2014, 21 (3): 300~305.

(8) Peng Wen, Ma Gengsheng, Bu Henan, Cao Jianzhao, Zhang Dianhua. Optimization of Model Adaption based on multi-samples in Hot Strip Mill [C]. 2014 2nd International Conference on Advances in Engineering, Science and Management (Accepted).

(9) 李旭，彭文，丁敬国，张殿华. 热连轧数据采集的多样本处理策略 [J]. 东北大学学报（自然科学版), 2014, 35 (4).

(10) 姬亚锋，张殿华，孙杰，李旭. 热连轧机 AGC 系统的优化 [J]. 东北大学学报（自然科学版), 2013, 34 (4): 532~534.

(11) Ji Yafeng, Zhang Dianhua, Sun Jie, Li Xu. Smith prediction monitor AGC system based on CPSO self-tuning PI control [C]. 2013 Advanced Engineering Materials and Technology.

(12) Ji Yafeng, Zhang Dianhua, Chen Shuzong, Sun Jie, Li Xu, Di Hongshuang. Algorithm design and application of novel GM-AGC based on mill stretch characteristic curve [J]. Journal of Central South University, 2014, 21 (3): 942~947.

(13) 姬亚锋，彭文，孙杰，张殿华. 基于负荷平衡的监控 AGC 在热连轧中的应用. 中国冶金，2014，24（2）：36~39.

（14）曹剑钊，张殿华. 多任务热连轧过程控制系统应用平台［J］. 东北大学学报（自然科学版），2013，34（8）：1113~1117.

（15）Cao Jianzhao，Zhang Dianhua. Time Synchronization in Tandem Hot Strip Line Based on Improved Broadcast Mode［C］. Applied Mechanics and Materials，2013：341~342，679~683.

（16）曹剑钊，彭文，龚殿尧，张殿华. 620mm 热连轧窄带钢生产线快节奏轧制的全线跟踪［J］. 中国冶金，2013，23（12）：39~42.

（17）曹剑钊，姬亚峰，彭文，丁敬国，胡显国，张殿华. 轧制过程自动化实时数据采集与离线分析系统［J］. 中国冶金，2014，24（2）：42~45.

（18）Zhao Dewen，Cao Jianzhao，Zhang Shunhu，Di Hongshuang. Analysis of hot rolling with simplified weighted velocity field and my criterion［C］. The 8th Pacific Rim International Congress on Advanve Material and Processing，2013：2471~2478.

（19）Cao Jianzhao，Zhao Dewen，Zhang Shunhu，Peng Wen，Chen Shuzong，Zhang Dianhua. Analysis of Hot Tandem Rolling Force with a Logarithmic Velocity Field and EA Yield Criterion［J］. Journal of Iron and Steel Research，2014，21（3）：295~299.

专利：

（1）张殿华，李旭，孙杰，胡显国，曹剑钊，李影. RAS 过程机和监控系统通讯组件系统 V1.0. 2012，中国，2012SR113573.

（2）张殿华，李旭，孙杰，胡显国，曹剑钊，李影. RAS 轧机过程控制系统［简称：RAS］V1.0. 2012，中国，2012SR066924.

（3）张殿华，李旭，孙杰，胡显国，曹剑钊，李影，彭文. rasHisgraph software V1.0. 2012，中国，2013SR093080.

（4）刘相华，孙杰，孙涛，张殿华，张浩，李旭，牛树林. 一种基于测厚仪反馈信号的高精度板带轧制厚度控制方法，2011，中国，ZL200910012699.

4. 项目完成人员

热连轧

主要完成人员	职　　称	单　　位
张殿华	教授	东北大学 RAL 国家重点实验室
丁敬国	讲师	东北大学 RAL 国家重点实验室
李旭	讲师	东北大学 RAL 国家重点实验室
彭文	博士后	东北大学 RAL 国家重点实验室
谷德昊	工程师	东北大学 RAL 国家重点实验室
曹剑钊	博士生	东北大学 RAL 国家重点实验室
姬亚锋	博士生	东北大学 RAL 国家重点实验室
于加学	工程师	东北大学 RAL 国家重点实验室
陈秋捷	工程师	东北大学 RAL 国家重点实验室
陈兴华	工程师	东北大学 RAL 国家重点实验室
马更生	博士生	东北大学 RAL 国家重点实验室
程明红	工程师	东北大学 RAL 国家重点实验室
尹芳辰	博士生	东北大学 RAL 国家重点实验室

5. 报告执笔人

张殿华、丁敬国、李旭、彭文、于家学、程明红。

6. 致谢

广东揭阳宝山 850mm 不锈钢两级自动化控制系统开发取得的成功，离不开宝山 850mm 不锈钢公司领导与技术人员的大力支持与帮助，感谢他们为我方调试人员提供了良好的调试平台，也感谢技术人员在调试过程中提出的各种意见与建议，使得调试时间大大缩短。同时，该项目也得到了东北大学轧制技术及连轧自动化国家重点实验室王国栋院士的鼎力支持，王院士对该项目的前期设计和后期现场调试都给出了很多宝贵的建设性意见，使得项目在实施过程中，能够按照一条合理明确的路线去执行，避免了很多弯路。最后，感谢 RAL 自动化团队为该项目付出的努力与汗水，祝愿 RAL 自动化团队在未来的科研工作中取得更大的突破！

目　录

摘　要

由东北大学轧制技术及连轧自动化国家重点实验室（RAL）自动化总承包的广东揭阳850mm不锈钢生产线，于2013年9月10日顺利过钢，并投入生产。该生产线粗轧区配置有1个立辊轧机和1架两辊平辊轧机，在中间辊道配置有热卷箱、飞剪，精轧机由1架立辊和8架四辊平辊轧机组成，卷取区配有地下卷取机。自动化系统配备有两级计算机控制系统，基础自动化采用SIEMENS PLC，过程计算机采用DELL服务器。该项目是RAL承担的首套不锈钢热连轧生产线的全线自动化项目，主要生产厚度为2.4~1.8mm的不锈钢板带。两级自动化系统功能如下：

（1）粗轧机组基础自动化控制系统功能的实现。粗轧机组基础自动化功能包括逻辑控制和状态监视、位置自动控制和速度给定控制、立辊轧机和平辊轧机之间的微张力控制以及自动宽度控制（AWC）。粗轧机组立辊轧机和平辊轧机进行轧制时形成连轧，采用头部力臂记忆法（轧制力轧制力矩比记忆）实现二者之间的微张力控制。粗轧自动宽度控制功能包括作用于轧制非稳定段的头尾短行程控制（Short Stroke Control）以及作用于轧制稳定段的轧制力反馈控制（Roll Force AWC）和前馈控制（Feed Forward AWC），此外还可包括立辊动态设定（Dynamic Set Up）。

（2）热卷箱基础自动化控制系统的实现。热卷箱系统主要由成型系统、开卷系统、夹送系统及移送系统组成。成型系统通过系统内设备相互协调动作，完成从粗轧来的中间坯的卷取工作；开卷系统对卷取好的热卷进行开卷；移送系统完成钢卷的无芯移送过程，实现连轧连卷；夹送系统对开卷后的钢卷起稳定作用，使钢卷顺利到达精轧机组。

（3）精轧机组基础自动化控制系统的实现。建立带钢出口厚度变化与轧件入口厚度、塑性系数之间的关系模型，将轧件塑性系数和厚度作为前馈信息的前馈厚度控制策略，开发塑性系数前馈AGC控制系统功能、塑性系数预测方法和前馈AGC辊缝修正量计算方法。开发用于前馈AGC控制的带钢跟踪技术，建立按长度划分跟踪单元的方法和带钢前滑系数的在线测量方法。在活套起套过程中，在活套电机的速度设定和力矩设定上，采用了“软接触”定位控制。活套起套与带钢的软接触过程完成后，如果活套的高度（长度）偏差较大，大于活套设定高度（长度）的20%，则采用模糊高度控制器。在活套调节过程中，如果活套的高度（长度）偏差小于活套设定高度（长度）的20%，则活套高度控制自动转为PID控制方式，并将由交叉控制器和PID相结合的多变量活套解耦控制策略亦投入运行。

(4) 过程控制系统应用平台开发。针对广东850mm不锈钢热连轧生产线特点自行设计了符合现场实际要求的基于Windows的热连轧过程控制系统应用平台，平台采用多进程结构，进程内部采用一任务一线程的新型模式，大大提高了系统的稳定性和降低各功能模块间的耦合性。平台的功能包括进程管理、网络通信、数据采集和数据管理、过程跟踪。网络通信功能负责通过工业以太网与基础自动化、人机界面和过程机间的数据通信；数据采集和数据管理功能负责数据库的相关操作，记录轧制过程中的所有数据；过程跟踪功能负责带钢跟踪和线程调度。平台采用高速的事件信号触发方式来调度模型计算。

(5) 粗轧过程控制计算机系统及模型开发。建立粗轧过程中的温度计算、负荷计算、宽度计算等数学模型，开发了适用于粗轧过程控制的各种实用数学模型，并选用指数平滑法进行模型的自学习。温度计算包括了空冷、水冷、轧件与轧辊接触导热、轧制变形生成热、摩擦生成热、轧件温度分布等模型；负荷计算选用不包含化学成分影响的变形抗力模型并根据不同钢种存储模型系数，计算接触弧长和接触面积时考虑轧辊压扁影响，使用西姆斯公式完整形式计算外摩擦影响系数，考虑了粗轧平轧和立轧时的外端影响系数；宽度计算时将粗轧立轧后的平轧过程视为消除狗骨轧制和后续平轧两个阶段，分别给出了计算狗骨宽展和自然宽展的模型形式。

(6) 短行程控制曲线设定。由于立辊的侧压使得带钢的头尾缩窄和呈鱼尾形，为了减少这种带钢头尾失宽，提高带钢宽度控制精度，采用短行程控制。模型中的参数可以通过对现场的大量实际数据进行处理而得到。它利用立辊轧制随后的平辊头尾出口实际宽度偏差值，得到立辊开口度修正曲线，由实际的开口度修正曲线，求得短行程控制曲线。为了提高模型精度，按钢种、目标卷宽和目标卷厚等划分层别，同一层别内的产品采用相同的模型参数，并可以通过自学习机能不断修正。

（7）精轧过程控制计算机系统及模型开发。建立了热轧带钢精轧温度计算模型，采用分区补偿方法用于温度模型自学习，该方法按一定的分配系数将精轧机组出口温度预测值与实测值之间的偏差分配给各个冷却区段，温度偏差分配系数可以根据各机架轧制力进行调节。轧制力模型、辊缝位置模型和精轧穿带自适应模型三方面着手，来提高带钢头部厚度控制精度。考虑了残余应变和机架间张力对轧制力的影响，建立了高精度轧制力模型；采用影响函数法分析了轧件宽度对轧机弹跳的影响规律，在此基础上得到了轧机弹跳宽度补偿的回归模型。

广东揭阳850mm不锈钢热连轧控制中，实现了两级计算机系统的全自动轧制。通过基础自动化系统实现了带钢热连轧过程高精度的自动厚度控制（AGC）、自动宽度控制（AWC）、微张力控制（TFC）和连轧活套高度和张力的解耦智能控制，实现了地下卷取机的助卷辊自动踏步控制（AJC）。由于这一系列独有先进控制技术的采用，可以使轧制力预报精度达到95%以上，保证换辊或换规格的第一块钢的厚度和宽度命中率达到97.7%，第2块钢的厚度和宽度精度100%命中，成品带钢宽度偏差可以控制在0~3mm之内，厚度为2mm的带钢厚度偏差可控制在±15μm内。

关键词：热轧带钢；AGC；AWC；过程控制；微张力；热卷箱；卷取机；踏步控制；负荷分配

1 自动化系统

1.1 自动化系统概述

由东北大学轧制技术及连轧自动化国家重点实验室（RAL）自动化总承包的广东揭阳850mm不锈钢生产线，于2013年9月10日顺利过钢，并投入生产。该生产线粗轧区配置有1个立辊轧机和1架两辊平辊轧机，在中间辊道配置有热卷箱、飞剪，精轧机由1架立辊和8架四辊平辊轧机组成，卷取区配有地下卷取机。自动化系统配备有两级计算机控制系统，基础自动化采用SIEMENS PLC，过程计算机采用DELL服务器，该项目是RAL承担的首套不锈钢热连轧生产线的全线自动化项目，主要生产厚度为2.4~1.8mm的不锈钢板带。

基础自动化用于直接控制轧线设备，实现轧制过程的自动控制，主要有如下功能：

（1）同过程控制计算机、传动控制级、数字化仪表及HMI级的数据通讯；

（2）轧线手动和自动的逻辑、连锁和顺序控制，轧机位置和速度控制；

（3）轧线水、风、电、气等公用设施的控制和轧机液压、润滑的介质控制；

（4）轧件跟踪及板坯摆动控温；

（5）给定值和实际值的处理；

（6）轧件厚度、宽度、张力和温度控制。

按照其实现的难易程度，将其划分成如下四类。

第一类为逻辑控制和状态监视，诸如轧线设备的启停逻辑、连锁逻辑、时序逻辑、液压、润滑、通风、冷却水的监视，主要是代替原来的继电器系统。在基础自动化系统中这是程序量最大（约占基础自动化总程序量的50%以上），也最容易实现的部分，只要逻辑顺序和逻辑条件符合设备和工艺及操作的要求即可。

第二类为位置自动控制和速度给定控制。如压下位置控制、侧压位置控制、侧导板位置控制、夹送辊位置控制与助卷辊踏步控制等，影响控制精度的主要因素是位置检测的精度和执行机构的精度，与其他轧制工况参数无关。而且绝大部分自动位置控制其精确定位发生在低速和爬行段，是较易实现的。只有飞剪的精确定位发生在高速段，这是比较难的自动位置控制环节。由于主传动的速度控制精度完全由传动系统来保证，因而自动化系统中的速度控制只是速度的给定值（由过程控制计算机或操作员给出），考虑到咬钢时冲击速降补偿，轧制过程中速度微调等进行速度设定值综合，仅仅是各种速度分量的代数和运算。

第三类为粗轧机微张力控制，这些都属于较为复杂的数字闭环控制。同上面两类控制相比是困难的，需要一个调试和参数匹配的过程。但是这类控制因为主自变量比较突出，控制算法对物理过程的描述较为严格，实现起来不十分困难。但是轧制工况参数对于这类控制有明显的影响，调试是有一定难度的。

第四类为自动宽度控制、自动厚度控制。这些都是复杂的综合控制功能。影响控制精度的因素很多，如来料的波动、摩擦系数的影响、油膜轴承的油膜厚度等，并且很难精确计算，因此控制算法对物理过程的描述只能是近似的。这些控制环节调试需要较多的时间和综合的知识及分析，要调到令人满意的效果是不容易的，在长期的轧制过程中，要有多次反复的精调。这是轧制过程基础自动化中最难实现的控制环节。

对热连轧机组中精轧生产过程来说，合理的轧制规程是操作人员的首要工作。为了更好地辅助操作人员进行规程设定，特开发了模型设定控制功能。所谓设定控制是结合板坯的厚度、宽度以及钢种、轧辊辊径、电机容量和轧制负荷限制条件来设定各机架轧机辊缝及轧辊速度等工艺参数。

模型设定控制的主要功能是制定合理的轧制规程，以确保轧机能力的发挥和生产的顺利进行。该控制功能主要包括轧机压下负荷分配和轧制过程模型两大方面内容。其中，轧制过程数学模型部分涉及温度模型、轧制力模型、轧制力矩模型、辊缝模型等。

操作工既可以通过 HMI 输入 PDI 数据后获取轧制规程，也可以自主进行轧制过程的存储、学习和设定。一经优化确认的轧制规程将永久保留在 PC 服务器中。

过程控制级采用高性能 DELL 服务器作为过程机和数据中心计算机。它们的操作系统均采用 Windows Server 2008，数据库采用 Oracle 11g。数据中心计算机放置数据库管理系统，存贮整个过程控制计算机生产历史数据库。

过程机软件配置如下：

(1) 系统软件：Windows Server 2008；

(2) 应用软件：RAS 过程通讯平台；

(3) 数据管理软件：oracle；

(4) 过程设定软件：模型软件；

(5) 实用工具软件：模型维护工具软件。

过程机配置要求如下：

(1) 过程控制模型中含温度、速度、活套、负荷分配、压下、轧辊的热膨胀磨损、全线 PC 时间同步等功能；

(2) 过程控制服务器，客户端均可以调用画面。

近年来，随着国际、国内钢铁市场竞争加剧，企业生产规模的大小和产品质量的好坏决定了企业在市场竞争中的地位。一方面用户对产品质量提出了更高的要求，过程计算机在生产过程中的作用就显得尤其重要；另一方面企业为了加强对物流与信息流的管理，需要二级自动化系统的支持。同时为了满足产量日益增长、规格不断扩大、质量要求更加严格的热轧生产需要，手动或半自动轧钢对产品质量的控制已经远远不能满足目前生产的需要。这个新型两级自动化系统其系统结构、网络的配置、硬件和软件的选型和集成，控制功能和应用软件的内容均具有当代大型热连轧自动化系统的特征，是新一代功能齐全的热连轧自动化系统。

1.2 自动化系统配置

本热连轧生产线自动化系统在纵向上分过程控制级（L2 级）、基础自动化级（L1 级）和传动级（L0 级）三级。本系统共设置 4 台过程自动化服务器，主要功能如下：

(1) 粗轧过程机服务器：负责粗轧机组的物料跟踪、压下负荷分配、轧制数学模型及模型自适应等功能；

（2）精轧过程机服务器：负责精轧机组的物料跟踪、压下负荷分配、轧制数学模型及模型自适应等功能；

（3）数据中心服务器：用作全线数据中心过程计算机及报表系统；

（4）炉区、粗轧、精轧（含飞剪和热卷箱）HMI 功能综合。

本系统共配置 1 台 HMI 服务器，主要功能如下：

HMI 服务器与 HMI 各操作站之间应用程序的模式为单服务器/多客户机，任一客户机可调用服务器中所运行 WINCC 程序中的任一画面。WINCC 画面要求带有主要参数的趋势图。热连轧 HMI 采用 SIMATIC WINCC7.0 软件平台搭建。

加热炉区控制采用 S7-300 系列 PLC。入炉和出炉操作台分别由 1 套 ET200M 来进行控制。交直流传动系统与 S7-300 PLC 通过 PROFIBUS-DP 网络连接。加热炉区配置两个人机界面终端，分别设置在入炉操作室和出炉操作室。

粗轧区的主干速度和微张力控制及 AWC 控制系统采用 SIEMENS 公司性能优异的功能控制器——SIMATIC TDC 控制器。主操作台由两套 ET200M 来进行控制。交直流传动系统与粗轧 PLC 通过 PROFIBUS-DP 网络连接。粗轧区配置两个人机界面终端，分别用来监控粗轧机的运行和状态信息。

粗轧区 AWC 液压站控制系统采用 SIEMENS PLC 系列中的 S7-300 PLC，CPU 采用 313-2DP。高压液压油站内设有本地操作箱，操作工既可以从本地启动高压泵站，也可以通过 HMI 远程启动高压泵站。所有 AWC 液压站内的信号及设备状态均以图形化的方式在 HMI 画面显示。

精轧区的主干速度和活套控制系统采用 1 套 SIMATIC TDC 控制器。精轧区的 AGC 控制系统采用 1 套 SIMATIC TDC 控制器。精轧主操作台由两套 ET200M 来进行控制。直流传动系统与 TDC 控制器通过 PROFIBUS-DP 网络连接。精轧操作室配置两台人机界面终端，分别用来监视精轧机组压下和速度。

精轧区高压液压站控制系统采用 SIEMENS PLC 系列中的 S7-300PLC。高压液压油站内设有本地操作箱，操作工既可以从本地启动高压泵站，也可以通过 HMI 远程启动高压泵站。所有 AGC 液压站内的信号及设备状态均以图形化的方式在 HMI 画面显示。

整个热连轧自动化系统的总图如图 1-1 所示。

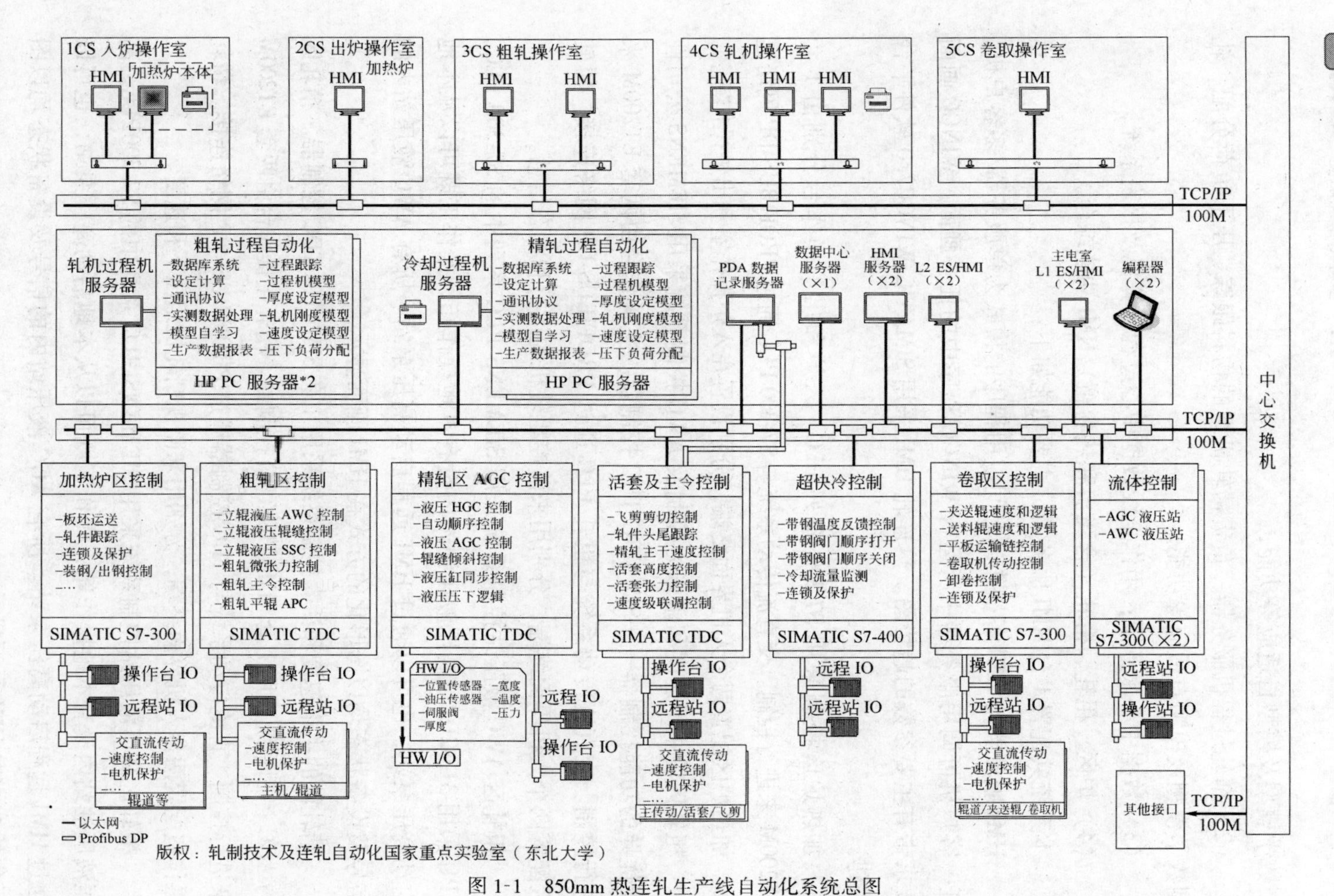

图 1-1 850mm 热连轧生产线自动化系统总图

1.3 网络设备

1.3.1 Profibus-DP 网络系统

Profibus-DP 网络系统设备均采用 Siemens 公司产品。

为了防止 Profibus-DP 网络产生干扰，在主站与传动首站之间应采用光纤传输，在主站与第一个远程站的两端增加 Profibus 光电转换器。

1.3.2 工业以太网络系统

自动化控制系统采用光纤星形网络拓扑结构、采用 TCP/IP 协议。它可连接各 PLC、工作站及 L2 过程机，使之交换信息。以太网网络设备采用具有极高可靠性的西门子公司以太网产品或思科公司以太网产品。

其主要特点是：

（1）数据传输率为 10/100/1000Mbps；

（2）协议为 TCP/IP；

（3）全双工防止冲突；

（4）交换技术支持并行通讯；

（5）使用自动交叉功能；

（6）自适应功能是网络接点自动地检测信号的传输速率；

（7）传输介质为多模光纤及五类绞线。

1.4 过程自动化设备

粗轧和精轧的 L2 过程自动化服务器采用美国 DELL 公司的 PC 服务器。基本技术指标如下：可扩至四路处理器，4MB 三级缓存，800MHz 双独立前端总线，集成 iLO2 远程管理，标配一个内存板，最多支持 4 个，标配 2GB（2×1GB）PC2-3200R 400MHz DDR-Ⅱ内存，最大可扩充至 64GB，前端可访问热插拔 RAID 内存，可以配置成标准，在线备用，镜像或者 RAID；内置 Smart Array P400 阵列控制器，256MB 高速缓存，8 槽位 SFF SAS 硬盘笼，支持 8 个小尺寸 SAS/SATA 热插拔硬盘，最多 6 个可用 I/O 插槽，标准 3 个 PCI-Express×4 和一个 64-bit/133MHz PCI-X，可选另两个热插拔 64 位/133MHz PCI-X 插槽，或者两个×4 PCI-Express 插槽，或者 1 个×8 PCI-Express 插槽，可选×4-×8 PCI-Express 扩展板；集成两个 NC371i 多功能千兆网卡，带

TCP/IP Offload 引擎，1 个 910W/1300W 热插拔电源，可增加一个热插拔电源实现冗余；6 个热插拔冗余系统风扇；该服务器具有良好扩展能力和高可靠性，适用于数据中心或远程企业中心。

（1）硬件，基本配置为：

1）CPU：Intel 四核 Xeon 1.9GHz；

2）内存：2G；

3）硬盘：支持 SAS 2.5" 热插拔硬盘，容量为 300G，采用 RAID5 技术实现数据的保护。

（2）通用软件：

1）操作系统：Windows Server 2008；

2）数据库：SQL Server 2005；

3）编程软件：VS. net；

4）TCP/IP 以太网通讯软件。

（3）应用软件：

1）通讯软件；

2）跟踪软件；

3）数据管理软件；

4）过程设定软件；

5）实用软件工具（过程模拟仿真、系统调试工具）。

HMI 服务器设备选型同过程自动化服务器。

1.5 人机交互设备

人机交互设备包括 L2 终端、HMI 操作站（简称 HMI）、工程师站和打印机等。L2 终端、HMI 操作站及工程师站计算机采用 DELL 系列计算机。

计算机的配置如下（当前流行机型）：

（1）Intel P4 处理器 2.8GHz 以上或者频率更高；

（2）内存 1GB；

（3）200GB 硬盘；

（4）48 倍速光驱，键盘和鼠标，带 USB 口；

（5）10/100M 自适应以太网卡；

（6）22 英寸 LCD；

（7）Windows 2003 Professional 操作系统。

2 粗轧区基础自动化系统

2.1 粗轧压下主令 PLC 系统

采用西门子 S7-400 系列 PLC，硬件组成为 CPU414-2，CPU414-2 主要完成粗轧区轧线主令、微张力、电动压下以及轧线逻辑控制。

主框架包括模板如下：

（1）PS：电源模板；

（2）CPU：中央处理单元；

（3）TCP：工业以太网通讯模块；

（4）DI：数字量输入模板；

（5）DO：数字量输出模板。

远程站设置：1 个置于现场的粗轧远程 IO 柜，控制机架的平衡阀台、换辊阀台以及换辊操作箱；1 个置于粗轧操作室的操作台，分别控制粗轧的主令系统和压下系统。

2.2 系统控制功能

2.2.1 粗轧区辊道的控制

粗轧区辊道由出炉辊道、粗轧除鳞辊道、粗轧保温辊道及粗轧后运输辊道组成。

粗轧辊道的操作模式有自动模式和手动模式。粗轧辊道在手动模式下操作工可以在操作台进行下列操作：

（1）每段辊道单独的正转、反转；

（2）粗轧前辊道联合的正转、反转；

（3）粗轧后辊道联合的正转、反转。

在自动方式下，根据工艺要求，为保证钢坯平稳地咬入，各段辊道速度要与轧机速度同步，并具备板坯摆动控温功能。

2.2.2 立辊轧机的控制

立辊轧机的作用是对加热炉出来的板坯进行侧边轧制，控制板坯宽度尺寸和形状，帮助平辊轧机咬入。立辊轧机由立辊传动装置、侧压装置、平衡液压缸等组成。立辊轧机的控制功能包括立辊轧机速度控制、立辊轧机侧压的位置控制等。

2.2.3 立辊轧机速度控制

立辊轧机由一台立式电机传动，并且配有增量编码器，用于立辊轧机的速度控制。在正常工作时，立辊轧机正、反向运行。

立辊轧机的操作模式有自动模式和手动模式。在手动模式下操作工可以在操作台对立辊轧机进行下列操作：

(1) 立辊轧机运行速度选择；

(2) 立辊轧机正、反转。

在自动模式下，立辊轧机和平辊轧机进行轧制时与平辊轧机形成连轧。

2.2.4 立辊轧机的位置控制

立辊轧机由装在机架两侧的侧压装置调整轧辊的开口度。

立辊轧机的位置控制有手动模式和自动模式。在手动模式下操作工可以在操作台通过“增加/减少”按钮对辊缝进行调节。在自动模式下通过设定的辊缝，自动完成定位控制。自动模式下，辊缝的设定值可以由HMI设定。

2.2.5 平辊轧机的控制

平辊轧机的作用是与立辊轧机连在一起组成粗轧机组，完成从坯料到中间坯的轧制。平辊轧机由上下辊主传动装置、压下装置等组成。平辊轧机的控制功能包括平辊轧机速度控制、平辊轧机压下控制。

2.2.6 平辊轧机的速度控制

平辊轧机的上下轧辊由一台电机传动，并且配有增量编码器，用于平辊轧机的速度控制，在正常工作时，平辊轧机正、反向运行。平辊轧机的操作模式有自动模式和手动模式。在手动模式下操作工可以在操作台对平辊轧机进行下列操作：

（1）平辊轧机运行速度选择；

（2）平辊轧机正、反转。

当粗轧区各种连锁条件都满足后，选择自动控制，此时每块钢轧制速度设定值由 HMI 设定。

2.2.7 平辊轧机的压下控制

平辊轧机由装在机架两侧的压下装置调整轧辊的开口度。左右压下装置通过离合器连接，保证两侧压下同步。压下装置由 1 台压下电机控制，离合器打开后可以对传动侧开口度单独调整。

平辊轧机的压下控制有手动压下、轧辊调平、轧辊预压靠调零、辊缝自动定位的控制。

轧辊预压靠调零后，且在 HMI 上选择正常轧制，可进行辊缝自动控制。

辊缝设定值来自于过程机或由操作工在 HMI 设定，压下系统根据带钢在粗轧区的不同轧制道次，依据辊缝设定值自动完成定位控制。

在手动模式下，操作工在粗轧主操作台上操作“压下/抬起”主令开关，压下电机可根据压下或抬起的高档或低档速度进行运行。

根据该轧机的特点和操作的需要，电动压下的运行分为传动侧（DS）单动和双侧（BS）联动两种方式，其中 DS 单动仅用于轧机调平（非轧制状态），并且只能由操作员手动控制低速动作。在轧制状态，无论是手动或自动摆辊缝方式，电动压下都处于双侧联动状态，系统可以进行高速定位控制。

与电动压下相关的逻辑控制包括电动压下制动器控制和电动压下离合器控制。在 DS 单动方式，电动压下离合器打开，当压下速度不为零时，相应侧的制动器也打开，以实现辊缝调平；在双侧联动方式，电动压下离合器闭合，当压下速度不为零时，双侧的制动器也打开，以实现电动摆辊缝[1~3]。

在自动电动位置控制方式，程序根据辊缝设定值和辊缝实际值计算辊缝偏差。辊缝实际值和辊缝设定值都是基于同一个零点得到的，因此辊缝的偏差就是压下位置的偏差。电动压下速度高低与位置偏差的关系（工程化处理后）如图 2-1 所示。

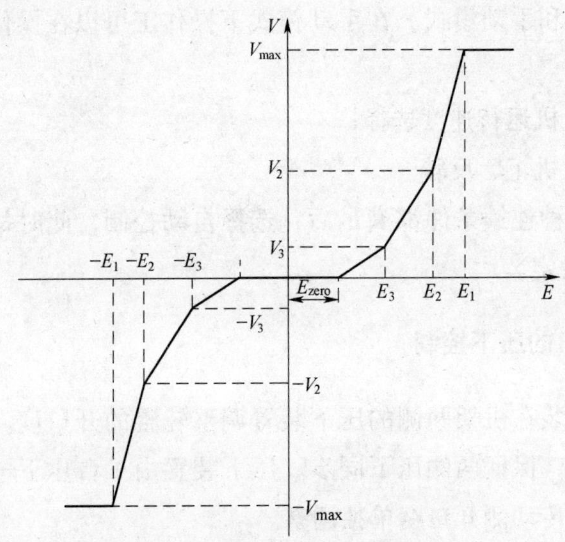

图 2-1 电动压下位置偏差-速度曲线

将图 2-1 的曲线公式化，如下式所示：

$$
\begin{cases}
v = V_{\max},\ e \geqslant E_1 \\
v = V_{\max} - \dfrac{V_{\max} - V_2}{E_1 - E_2} \cdot (E_1 - e),\ E_2 < e < E_1 \\
v = V_2 - \dfrac{V_2 - V_3}{E_2 - E_3} \cdot (E_2 - e),\ E_3 < e < E_2 \\
v = V_3 - \dfrac{V_3}{E_3 - E_{\mathrm{zero}}} \cdot (E_3 - e),\ E_{\mathrm{zero}} < e < E_3 \\
v = 0,\ -E_{\mathrm{zero}} \leqslant e \leqslant E_{\mathrm{zero}} \\
v = -\left(V_3 - \dfrac{V_3}{E_3 - E_{\mathrm{zero}}} \cdot (E_3 - e)\right),\ -E_3 < e < -E_{\mathrm{zero}} \\
v = -\left(V_2 - \dfrac{V_2 - V_3}{E_2 - E_3} \cdot (E_2 - e)\right),\ -E_2 < e < -E_3 \\
v = -\left(V_{\max} - \dfrac{V_{\max} - V_2}{E_1 - E_2} \cdot (E_1 - e)\right),\ -E_1 < e < -E_2 \\
v = -V_{\max},\ e \leqslant -E_1
\end{cases}
$$

电动压下顶帽位置设定值和实际值的偏差取两侧设定位置与实际位置偏差值中的小者作为速度曲线输入，速度输出值两侧相同。速度给定为负压下，为正抬起。压下螺丝位置传感器的读数在压下时读数减小，抬起时增大。

2.2.8 平辊、立辊微张力控制

立辊轧机和平辊轧机进行轧制时形成连轧，通常在二者之间需要保持一定张力。因为钢坯表面不均匀及通体各段温度不可能完全一致，在轧制过程中，二者之间中间坯的张力就会不断发生变化，特别是在轧制的后几个道次，中间坯的厚度越来越薄，张力的变化将会直接影响中间坯的宽度；因此，需要采取措施将此张力控制在合理的范围内，以保证产品的质量，减少事故发生。

微张力控制的关键在于如何比较准确地检测出张力，并能保证一定精度，然后再去对张力进行控制。粗轧区机架连轧微张力控制的方法目前一般采用头部力臂记忆（轧制力轧制力矩比记忆）的方法。由于张力对轧制力及轧制力矩的影响不同，而温度对轧制力及轧制力矩的影响基本相同，因此采用轧制力轧制力矩比法后，可消除温度波动对张力控制的影响。

2.3 立辊 AWC 控制

2.3.1 功能概述

由于立辊的侧压使得带钢的头尾缩窄和呈鱼尾形，经水平轧制，这种变形不但不会消除反而会加长，使得带钢进入精轧前的头尾切损量增加，降低了金属的收得率，并使带钢头尾的宽度偏差增加。为了减少这种带钢头尾失宽，提高带钢成材率，提高带钢宽度控制精度，采用短行程控制[45]。

短行程控制的基本思想是：根据立辊调宽时板坯头尾部的轮廓曲线，使立辊轧机的辊缝在轧制过程中根据轧件宽度控制的需要加以改变。再经过水平辊轧制后，使头尾部的失宽量减少到最低限度。

2.3.2 头尾宽度补偿模型

为了更准确地反映短行程控制曲线，采用 4 段折线来近似代替，如图 2-2 所示。

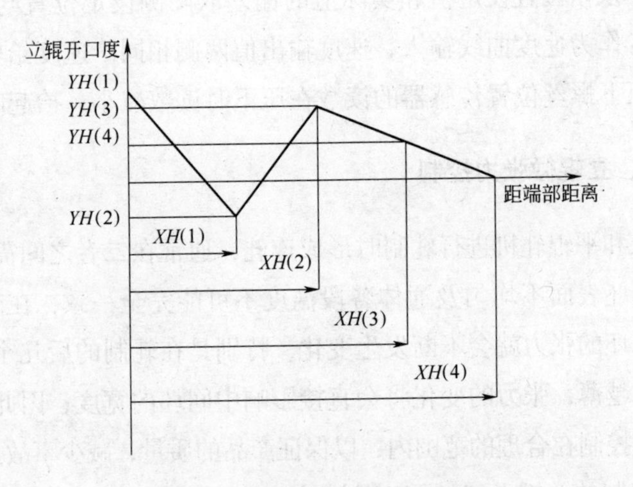

图 2-2 短行程控制模型示意图

模型中的参数可以通过对现场的大量实际数据进行处理而得到的。它利用立辊轧制随后的平辊头尾出口实际宽度偏差值，得到立辊开口度修正曲线，由实际的开口度修正曲线，求得短行程控制曲线。为了提高模型精度，按钢种、目标卷宽和目标卷厚等划分层别，同一层别内的产品采用相同的模型参数，并可以通过自学习机能不断修正。

2.3.3 SSC 投入条件

在如下条件成立的情形下方可投入 SSC 功能：

（1）立辊非甩架；

（2）立辊 HGC 为自动模式；

（3）SSC 功能选择标志“ON”。

2.3.4 SSC 启动与停止时序

2.3.4.1 HEAD-SSC 启动与停止时序

HEAD-SSC 启动与停止时序示意图如图 2-3 所示。

启动时刻：立辊轧机咬钢；

停止时刻：带坯头部到达头部短行程控制曲线 *X*4 位置。

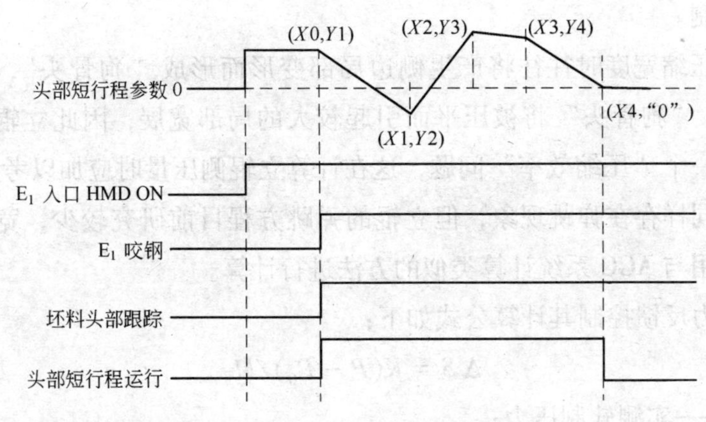

图 2-3 HEAD-SSC 启动与停止时序图

2.3.4.2 TAIL-SSC 启动与停止时序

TAIL-SSC 启动与停止时序示意图如图 2-4 所示。

启动时刻：立辊轧机前剩余带坯长度为尾部短行程控制曲线 $X4$ 的长度；

停止时刻：立辊轧机轧制完毕。

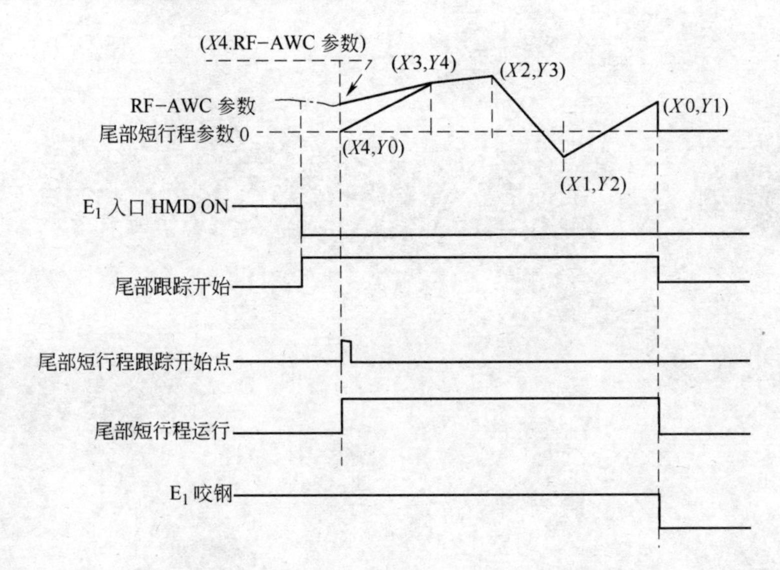

图 2-4 TAIL-SSC 启动与停止时序图

2.3.5 AWC 自动宽度控制

由过程机下发设定点，自动控制和由操作工画面手动输入，实现 AWC 自动宽度控制。

立辊压缩宽度时往往将产生侧边局部变形而形成“狗骨头”，当接着轧入平辊后，“狗骨头”将被压平而引起较大的局部宽展，因此立辊对宽度的压缩存在一个“压缩效率”问题，这在计算立辊侧压量时应加以考虑。

立辊同样存在弹跳现象，但立辊的弹跳方程目前研究较少，宽度控制侧压量可以用与 AGC 系统计算类似的方法进行计算。

轧制力反馈控制其计算公式如下：

$$\Delta S = K(P - P_0)/M$$

式中 P——实测轧制压力；

P_0——零调压力；

M——轧机刚度；

K——系数。

3 热卷箱基础自动化系统

3.1 热卷箱研究现状

热卷箱的历史还不到半个世纪。1972 年，加钢联研究中心首先完成热卷箱工业试验，1974 年完成生产用热卷箱样机。1980 年 3 月第一台生产用热卷箱在澳大利亚 BHP 公司西港厂投入使用。人们发现热卷箱的投入对钢厂生产产生了一些不利的影响，主要是故障率高、轧制节奏变慢。为提高带钢质量和热轧厂的生产能力，1980 年，加钢联完成了对希尔顿 1420mm 宽带钢轧机的改造过程，使得故障减少、轧制节奏有所提高。1983 年加钢联伊利湖 2050mm 轧机正式投入生产，该轧机生产的带卷单位卷重最高可达到 19.6kg/mm，使得产量显著提高，因此，生产该设备的制造厂越来越多，已经有 12 个轧机设备制造厂购买了该项专利，与此同时，该项技术得到 54 家钢铁生产公司的关注，并开始研究这项技术。

随后，热轧带钢企业开始对热卷箱技术高度重视起来，他们纷纷在热轧生产线上使用热卷箱，使得热卷箱在世界上的使用达到了高潮时期。其中主要是生产不锈钢的热轧厂。国外生产不锈钢而采用热卷箱的热轧生产线主要分布在欧洲，包括德国波鸿 1800mm 热轧生产线、英钢联塔尔包特 2030mm 热轧生产线、瑞典斯维克特 1850mm 热轧生产线等，同时澳洲还有几条线，最主要的是澳大利亚 BHP 威斯特 2050mm 热轧生产线，亚洲的日本也有一条生产线，即川崎千叶二热轧 2050mm 生产线。

1992 年，攀钢热轧厂为解决车间长度不足问题使用了热卷箱，因此，不少企业由此认为，热卷箱主要是起缩短中间辊道长度，即缩短轧线的作用。以后我国新建的武钢 1700mm 轧机、宝钢 2050mm、鞍钢 1780mm 等传统常规轧机，宁可将轧线延长 50m，也不增设热卷箱，以免增加故障点。

攀钢热轧厂掌握了热卷箱设备及生产控制的最新技术，攀钢对热卷箱的成功应用起到带头作用。自此，梅钢将热卷箱技术运用到 1422mm 轧线的二次改造上（2005年11月），使该生产线成为行业中具有很强竞争能力的几条热轧生产线之一。体现了热卷箱的作用是非常重要的。

国内正在运行的热卷箱一共有十余台。其中主要是二重集团公司设计制造的。包括鞍钢1700热卷箱；四川川威、山东泰钢、河北迁安及湖南冷水江博大各有一台950mm热卷箱；唐山港陆1250mm、八钢1750mm、唐山国丰1450mm、山东日照钢铁1580mm各有一台热卷箱。此外，还有由大重与国外联合生产的莱钢1500mm热卷箱。

3.2 热卷箱的特点

使用热卷箱的主要优点如下：

(1) 保温作用：以前为减少中间坯在中间辊道上的温降，都采用保温罩，但其会影响操作工观察粗轧来料板形，因此通常保温罩不会全部盖上。而热卷箱能将整条中间坯卷在一起，使其散热面积只有原平摊开时散热面积的1/20~1/30，保温效果得到极大提高。

(2) 减少温差：使用热卷箱后，中间坯的头尾温度基本可达到一致，提高了产品纵向性能的稳定性和轧制稳定性。中间坯经热卷箱卷取后，可将其在粗轧中冷却不均匀的表面进行良好的均热，从而改善了中间坯表面温度的不均匀性，使带钢整个表面的温度都非常接近。

(3) 减少边部温降：中间坯经热卷箱卷取后，边部暴露的散热面积减少2/3左右，中间坯边部温度比不使用热卷箱时至少提高30℃以上，使产品边裂、横向性能和厚度不一致、及因轧辊边部磨损大产生的辊面圆周凹槽，进而影响轧辊的轧制公里数和产品边部出现细条状凸埂等质量问题基本得到解决。

(4) 解决氧化铁皮压入质量问题：使用热卷箱解决了中间坯尾部温降100℃左右的问题，因而可将加热温度降低80℃。由此，常见的间断竹叶状的一次氧化铁皮和弥散水波纹状的二次氧化铁皮及钢坯头部二次氧化铁皮压入的常见缺陷得以避免。另外，中间坯在热卷箱成卷和开卷过程中，实际上等于增加了2次除鳞机会，因此提高了除鳞效果。

(5) 节能的重要措施：使用热卷箱后，加热炉的出炉温度比不使用热卷箱时下降50~80℃，燃料消耗下降9kg左右标准煤；使用热卷箱后随着精轧的废钢大幅度下降，甩尾非计划换辊大幅度减少、设备作业率提高、产量稳定提高、精轧恒速轧制等优势得以体现。

热卷箱的确有许多不可替代的优势，但同时也有一定的不足，主要包括以下几点：

（1）热卷箱的控制难度大：热卷箱设备结构非常复杂，对于各个设备的控制要非常高，而且许多设备必须协同工作，才能达到需要的控制效果。这就大大增加了设备的控制难度。同时，热卷箱处在粗轧与精轧之间，对于它的速度控制要求非常高，必须与粗轧和精轧的速度匹配好，否则很容易对带钢产生拉伸或挤压，从而影响轧制过程。

（2）热卷箱的维护成本高：热卷箱虽然可以降低由于精轧机组或卷取机区域故障时导致的废钢率。但是热卷箱自身就是一个高故障率的设备，维护周期短，需要经常检查和维修。同时，设备的备品要准备充足，遇到需要更换的零件要及时更换，才能更好地提高生产效率。所以，为了满足热卷箱连续化生产的要求，大量的维护工作及足够多的备件是必要条件。

（3）特殊钢种轧制难度大：对于高强度钢种和难变形钢种，例如硅钢、特殊合金钢等，因为它们的变形温度区间比较窄，带钢边部很容易产生裂纹，控制边部温度是这些钢种轧制的要点之一，因此，这些钢种使用热卷箱很难轧出理想的产品，需要利用其他设备来满足它们的特殊要求。

3.3 热卷箱设备

热卷箱系统设备由卷取站设备和开卷站设备两部分组成。卷取站设备包括入口导槽、偏转辊、弯曲辊、成型辊、一号托卷辊和稳定器；开卷站设备包括一号托卷辊、开卷系统、推卷器、二号托卷辊、保温侧导板、夹送辊和开尾辊。热卷箱机构原理图如图 3-1 所示。

热卷箱系统主要由成型系统、开卷系统、夹送系统及移送系统组成。成型系统通过系统内设备相互协调动作，完成从粗轧来的中间坯的卷取工作；开卷系统对卷取好的热卷进行开卷；移送系统完成钢卷的无芯移送过程，实现连轧连卷；夹送系统对开卷后的钢卷起稳定作用，使钢卷顺利到达精轧机组。

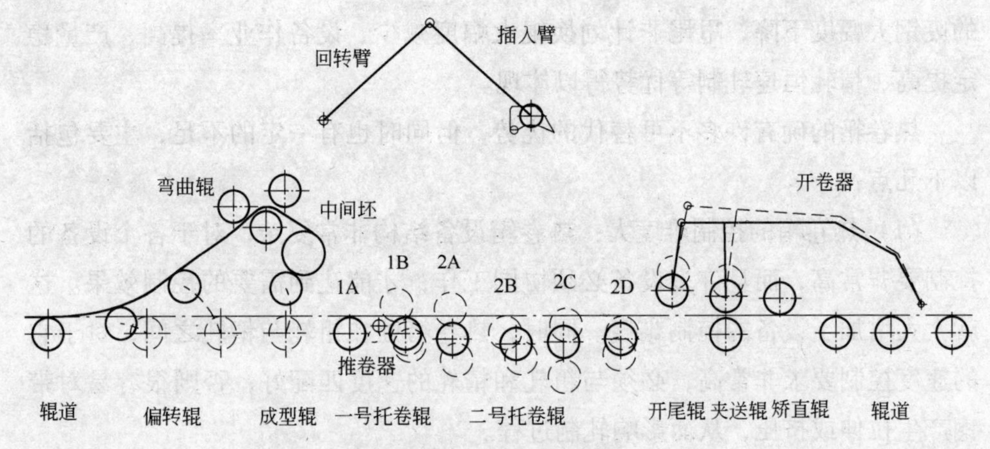

图 3-1 热卷箱机构原理图

此项目中热卷箱系统的技术参数如下：

形式：钢卷无芯移送式热卷箱；

带钢最小厚度：25mm；

带钢最大厚度：35mm；

带钢最小宽度：400mm；

带钢最大宽度：730mm；

带坯重量：8t；

入口带坯最低温度：900℃；

入口带坯最高温度：1150℃；

钢卷内径：650±50mm；

最大钢卷外径：1700mm；

穿带速度：2~2. 5m/s；

最大卷取速度：5. 5m/s；

开卷速度：0~1. 5m/s。

3. 4 成型系统

成型系统完成卷取过程。卷取开始时，成型辊处卷取位置，该位置能使弯曲后的带坯头部撞击在成型导板上形成卷眼，同时，一号托卷辊 B 辊处于卷取位置。在带坯形成第一圈以后，随着卷径不断增加，在重力的作用下，热卷将接触一号托卷辊 A 辊并在其上继续卷取。在带圈直径小于一定直径时，带卷只与A辊接触；当直径逐渐增大后，随着重心的偏移，热卷将与一号托卷辊A、B辊同时接触，B辊随着卷径增大逐渐降低，直至卷取完毕，最终将带尾准确停在开卷所需的位置。卷取过程中，成型辊位置始终保持在上极限位置。当中间坯不需要卷取时，成型辊及一号托卷辊B辊摆动至水平位置。

3.5 开卷系统

当卷取完毕的带卷尾部处在开卷所需的位置时，开卷系统中的回转臂转动到一定位置，同时插入臂向下运动，使开卷刀沿带卷外圈滑动并锲入带钢尾部与钢卷之间的缝隙，并压住带钢，然后，一号托卷辊带动钢卷反转，将带坯打开，使其尾部变成头部进入热卷箱下游设备。当带钢头部到达设定位置后，插入臂抬升至准备位置。

3.6 移送系统

移送系统的作用是将钢卷从一号托卷辊移送到二号托卷辊C、D辊之间，即完成钢卷的无芯移送过程。在接受从一号托卷辊移送过来的钢卷时，还要在其上完成后续的放卷过程。若中间坯钢卷只在一号托卷辊上完成放卷过程或热卷箱处于直通工作方式下时，移送系统中的二号托卷辊仅起到辊道作用。

3.7 夹送系统

开卷启动后，夹送系统开始工作，目的是稳定带钢，使带钢不发生翘头和跑偏。当带坯头部通过下夹送辊时，上夹送辊由液压缸驱动下降，上、下夹送辊将带坯夹紧并送至精轧机机组。开尾辊支撑小直径的钢卷并将带尾打开。矫平辊位于夹送辊之后，与夹送辊一起将中间坯矫直。

3.8 硬件配置

采用西门子S7-400系列PLC，CPU使用的是CPU414-2。CPU414-2主要完成入口导槽、弯曲辊、弯曲辊辊缝调节装置、成型辊、一号托卷辊、稳定器、开卷臂、插入臂、保温侧导板、二号托卷辊、夹送辊和开尾辊的公共逻辑控制。

主框架包括模板如下：

PS：电源模板，为机架提供持续的、稳定的电量；

CPU：中央处理单元，是系统的控制中枢，用于存储和处理用户程序；

CP：通讯模块，完成于其他系统的通讯连接；

AI：信号模板，输入现场的模拟量信号；

AO：信号模板，输出模拟量，调节现场设备；

DO：信号模板，输出开关量，控制现场设备。

远程站主要包括以下 3 个：

（1）1 个置于精轧操作室的操作台，控制热卷箱系统；

（2）1 个置于现场轧线操作侧，控制热卷箱系统；

（3）1 个液压站站内就地操作箱，控制热卷箱液压站的启停，并连接部分液压站站内检测元件。

热卷箱控制系统硬件配置图如图 3-2 所示。

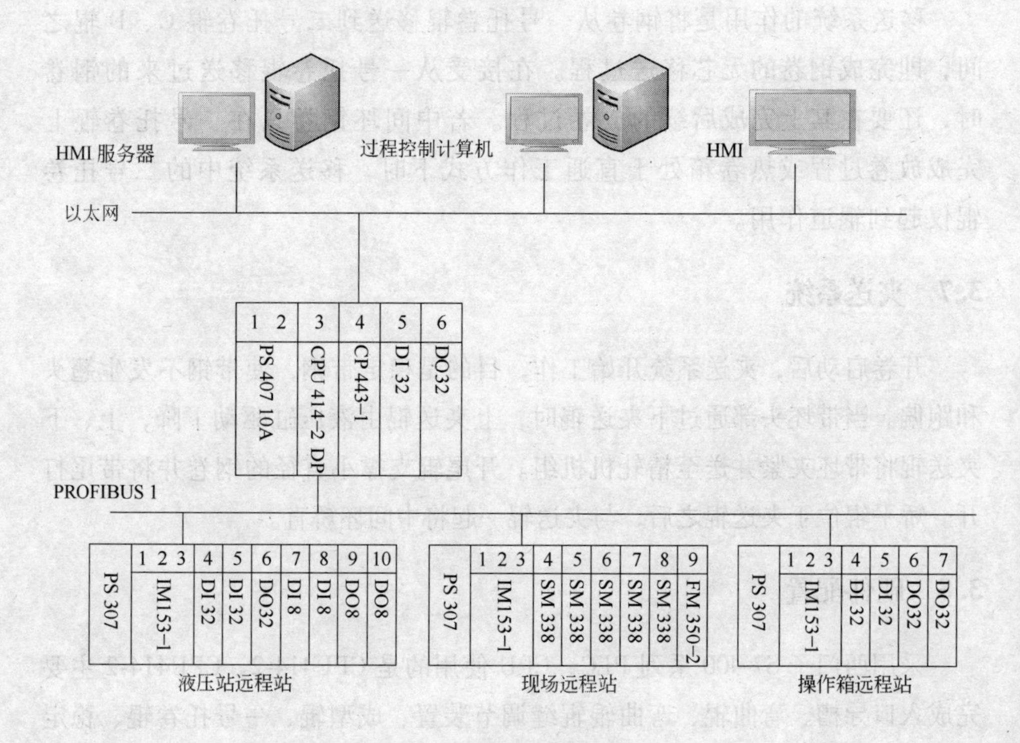

图 3-2　热卷箱系统配置图

3.9 热卷箱控制功能分配

热卷箱自动控制系统分为电气传动级（0级）、基础自动化级（1级）和过程自动化级（2级）三级。电气传动控制级完成热卷箱电气传动系统的速度和力矩控制；基础自动化控制级完成区域轧件跟踪、设备顺序控制和基准计算及位置控制等功能；过程自动化级完成热卷箱基准值设定计算功能。

3.10 速度控制

由热卷箱 PLC 控制的传动设备有 R1 粗轧机、粗轧后辊道、热卷箱本体设备、剪前辊道、除鳞箱辊道等。下面会具体介绍系统中的速度管理模块。速度控制模块的主要功能如下：

（1）主令速度计算与控制；

（2）自动或手动卷取速度计算与控制；

（3）自动或手动开卷速度计算与控制；

（4）自动或手动直通速度计算与控制；

（5）速度超前与滞后管理；

（6）特殊速度控制。

3.11 位置控制

热卷箱区域内的入口侧导板、稳定器、回转臂、一号托卷辊 B 辊、保温侧导板、二号托卷辊 A 辊、上夹送辊等设备需要根据工艺要求作自动定位控制。该功能块可根据热卷箱操作工或过程计算机给出的设定值计算位置基准，并调用定位功能子程序模块，完成上述设备的自动定位功能。定位管理功能程序块包括以下内容：

（1）定位调零功能：此功能完成设备位置调零，校准设备的位置基准参考点，确保设备的定位精度。

（2）定位测试功能：此功能对上述设备的自动定位状况进行测试，确认自动定位工作情况和定位精度：该功能用于设备的检查和调试。

（3）自动定位功能：此功能根据工艺现场计算定位基准，实现自动定位。

3.12 时序控制

时序控制程序模块是热卷箱控制软件的核心。在生产过程中热卷箱有直通和卷取两种方式，卷取工作方式又可分成卷取、开卷过程。根据热卷箱操作人员所选择的工作方式，由热卷箱 PLC 依据工艺要求控制热卷箱各部分设备的位置、压力、速度。因此，在此模块中设置四个时序顺控，分别为卷取时序控制、开卷时序控制、直通时序控制和无芯移送时序控制。将现场的检测信号反馈到相应的时序控制单元中，并将控制结果发送到现场，进而控制热卷箱区域相应的设备，完成中间坯的卷取、开放卷或直通等过程。这样设计的优点是控制过程清楚，可靠性很高，上一个工艺步序未完成，就不会执行下一个过程。该功能模块包括以下功能：

(1) 卷取时序控制：完成中间带坯的卷取跟踪过程；

(2) 开卷时序控制：完成中间坯钢卷开卷送入精轧机架的跟踪过程；

(3) 直通时序控制：当热卷箱在直通工作方式时，完成将粗轧来的中间坯直接送入精轧机架的跟踪过程；

(4) 无芯移送时序控制：在热卷箱卷取工作方式时，完成钢卷从卷取区移送到开卷区的跟踪过程。

3.13 热卷箱控制原则

热卷箱控制原则有：

(1) 热卷箱工作方式转变原则。通常，热卷箱处于卷取方式，中间坯通过粗轧机后，经过热卷箱卷取和开卷过程之后，进入精轧机进行轧制；当热卷箱的部分设备出现故障时，同时 R1 尚未开始轧制末道次，热卷箱应能自动切换到直通工作方式，即将来自于粗轧机的中间坯不经热卷箱卷取而送往精轧机进行轧制。热卷箱直通过程则不需要对带钢进行卷取，热卷箱区域的设备相当于辊道。直通与卷取工作方式的相互切换由热卷箱操作工完成，但是转换过程应该快速，从而让设备尽快准备好。热卷箱的仿真方式不常用，仅用于设备调试和检查。通常，在设备检修结束或接班检查的时候，可使用此功能来确认热卷箱设备的状态是否正常。当热卷箱在仿真时，热卷箱设备的速度大小、具体位置和动作顺序等均应模仿正常卷取和开放卷过程，从而确保热卷箱及相关设备正常工作。热卷箱直通过程也要有仿真功能。热卷箱的仿真还可与粗、精轧一起进行，从而实现整个生产线的全程仿真。

（2）在卷取方式下，热卷箱应能双站工作和单站工作。双站工作方式是当前一中间坯通过无芯移送到达开卷站时，热卷箱卷取站又能接收从粗轧来的钢带，对带钢进行卷取，此方式对控制功能较高。单站工作会降低生产节奏，延长生产周期，在此工作方式下，只有中间坯完成卷取和开卷整个过程之后，下一个中间坯才能进入热卷箱卷取站。

（3）长、短坯工作方式。系统可以通过热检来识别带坯是长坯还是短坯，当来的中间坯是长坯时，热卷箱开始卷取时，带钢尾部还未通过粗轧末道次，此时，热卷箱与粗轧机实行连轧连卷模式。

（4）手动优先原则。在热卷箱的控制过程中，若操作工实行手动操作，则设备加入手动操作的内容，对设备的速度、位置、压力等参数的设置要结合手动调节量，从而更好地控制设备，轧出更优异的产品。

（5）快停和急停功能。快停将速度参数置零，使设备尽快停止动作；急停应使所用电气设备关闸断电，设备自然停止。同时要有连锁功能，即一个区域急停或快停，其他区域要能得到信号并做出相应的动作。

3.14 程序结构

热卷箱基础自动化控制程序由主程序 OB1 和若干故障管理系统功能块组成。其中主程序由 FC 功能块组成，包括信号管理模块、逻辑控制模块、跟踪管理模块、顺序控制模块、仿真功能模块、速度控制模块、位置控制模块和卷径计算模块等。这些模块构成了整个热卷箱控制体系，结构清晰明了，尤其在速度控制块和位置控制块中，把每一个设备的控制程序放在一个功能块，对程序员寻找相关源程序特别有帮助。同时，程序可读性强，每一个参数除了有英文名称，还有汉语标示它的含义，一些复杂段的程序还有清晰的汉语标注，帮助程序员理解程序。热卷箱基础自动化控制系统的程序结构如图 3-3 所示。

信号管理模块主要对现场信号和 HMI 信号进行收集，程序处理完后在输出到相应的位置，以便控制对应的设备；逻辑控制模块主要是根据操作确定

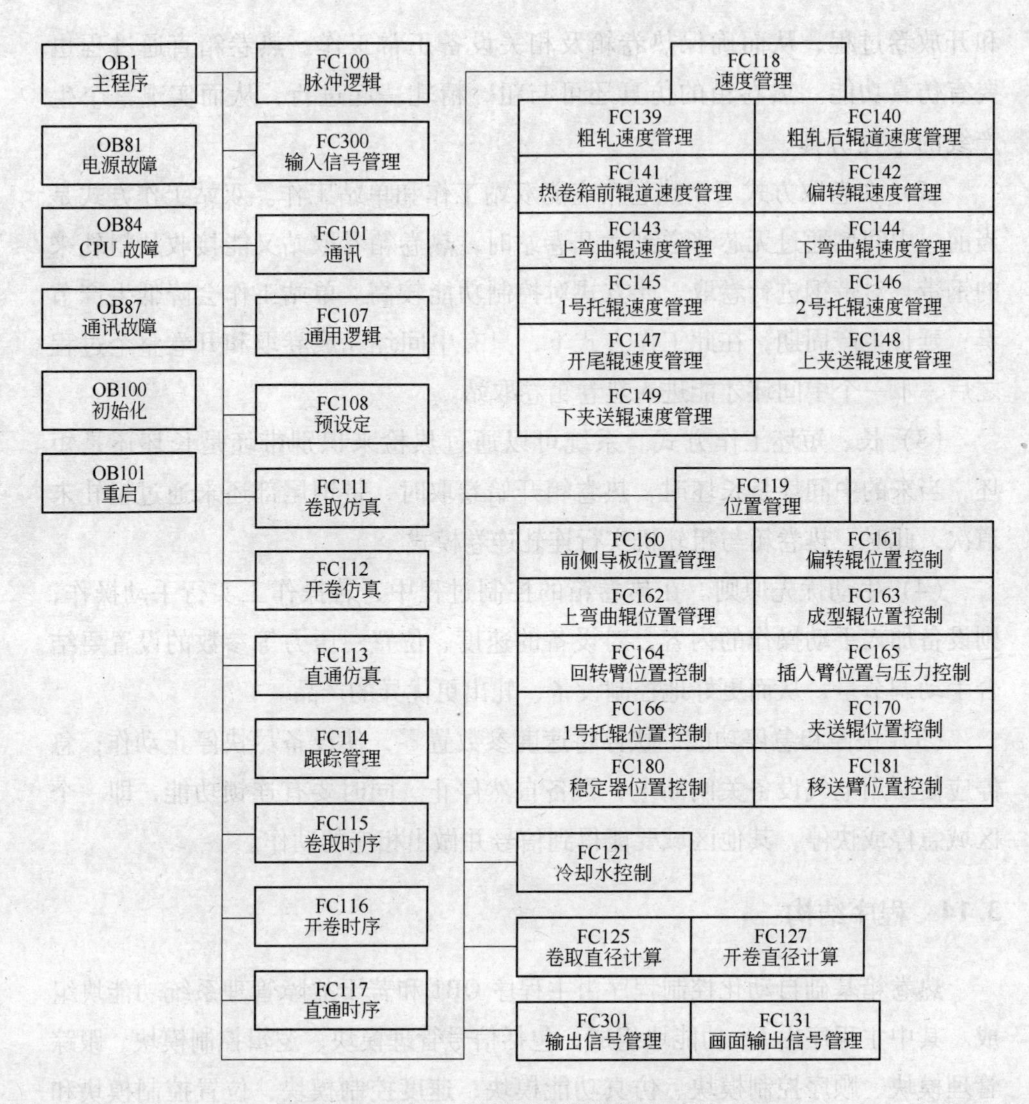

图 3-3　控制程序的结构

控制方式，包括自动控制、半自动控制和手动控制等，同时确定各辊道的传动信号是否正常；跟踪管理模块主要是完成现场热检的检得与检失控制，为顺序控制提供时间节点；顺序控制主要完成一个时序固定的过程，每个步骤有相对应的控制内容，当步骤被激活时，才执行相应的控制过程；仿真功能模块主要是在无钢的情况下，设备按照顺序进行模拟卷取和开卷过程，可以和精轧、粗轧联合仿真，也可以热卷箱单独仿真；速度控制共能主要控制热卷箱相关区域的辊子速度，在基准速度的基础上，要考虑到超前率和滞后率的影响，否则会对卷取和开卷过程产生不利影响；位置控制模块主要包括导板的位置控制和辊子的位置控制，导板的位置控制主要是考虑带钢宽度和余量，辊子的位置控制主要是卷取位和直通位置的切换，一些辊子包括的特殊位置也在控制范围内；卷径计算模块主要包括开卷直径计算和卷取直径计算，计算的目的是为了更好地对带钢进行定位，计算精度越高，对卷形的控制越有利。除了这些主要的控制模块外，还有预设定模块、冷却水模块以及系统相关的故障分析模块。

控制程序中还包括若干 DB 块，其中 DB14 储存与 HMI 相关的信号，DB60 储存由粗轧通讯过来的信号，DB61 储存由剪切机通讯过来的信号，DB62 储存由精轧通讯过来的信号，DB1 储存下弯曲辊的脉冲信号。DB 块中的信号是程序的重要组成部分，为程序提供主要的信号来源。

4 精轧区基础自动化系统

4.1 精轧压下主令 PLC 系统

采用西门子 S7-400 系列 PLC，硬件组成为 CPU416-2+FM458。CPU416-2 主要完成精轧区轧线主令、活套、微张力、轧线逻辑控制及精轧 AGC 自动厚度控制液压站的公共逻辑控制。FM458 主要完成精轧区立辊压下位置控制，平辊压下位置控制、轧制力控制及 AGC 等[46~50]。

主框架包括模板如下：

PS：电源模板；

CPU：中央处理单元；

TCP：工业以太网通讯模块；

FM458：高速闭环处理功能模块；

EXM438：输入输出模块；

AI：模拟量输入模板；

AO：模拟量输出模板；

DO：开关量输出模板。

远程站设置：

（1）1 个置于精轧操作室的操作台，控制精轧的主令压下系统；

（2）4 个置于现场轧线操作侧，分别控制精轧区各机架的换辊系统；

（3）2 个置于现场轧线传动侧，分别控制精轧区各机架平衡阀台的控制；

（4）1 个置于精轧区的主电室，控制液压站内各泵的运行与软起；

（5）1 个液压站站内就地操作箱，控制精轧 AGC 液压站的启停，并连接部分液压站站内检测元件。

4.2 系统控制功能

4.2.1 飞剪控制

飞剪控制主要包括头尾位置检测和飞剪的启停控制。轧件头尾位置的检测采用热金属检测器。飞剪的启动时刻依据轧件的线速度和头尾的位置计算产生。减速定位起始点由剪刃的位置检测信号来确定。

在轧件进入剪切区后，实时连续检测轧件的线速度和轧件头尾的实际位置，依据剪刃在不同位置的不同计算模型实时控制飞剪剪刃的速度和位置，做到整个剪切过程的全闭环控制。可以达到很高的剪切精度，并保证飞剪运行的稳定性。

4.2.2 飞剪点动

通过点动开关，飞剪按照预先设定速度完成正、反向点动动作。主要用于设备检修，剪刃位置调整等。

4.2.3 手动剪切

在手动剪切方式下，剪切长度的控制由操作人员根据需要确定。操作人员按一下操作台上的剪切启动按钮，飞剪执行一次剪切动作，速度为手动速度。

4.2.4 自动剪切

在自动剪切方式下，带坯头尾剪切长度由操作员设定，轧件检测元件（热金属检测器）检测带坯位置，PLC 根据位置信号及头尾剪切长度，启动飞剪以相应的速度完成对中间坯头尾的自动剪切。

在操作员设定工作方式下，操作人员需要设定以下参数：

（1）头部剪切长度，mm；

（2）尾部剪切长度，mm；

（3）速度超前率（0~10%）；

（4）速度滞后率（0~10%）。

4.2.5 自动切头

若带钢头部的速度为 V_b，头部剪切的超前率为 h，则飞剪的剪切速度 V_c 为：

$$V_c = (1 + h)V_b$$

当带钢头部到达 B 时，PLC 程序中的“剪切定时器”开始计时。“剪切定时器”是一个可预置的定时器，预置的时间 T 是带钢头部到达 C 点的时间 T_b 与剪刃从停车点到达剪切点的时间 T_c 之差。

公式如下：

$$T = T_b - T_c$$

$$T_b = (L_h + L_r)/V_b$$

$$T_c = (S/V_c) + (V_c/2a)$$

式中 L_h ——操作员设定的头部剪切长度；

L_r ——入口热金属检测器到剪切点的距离；

S——剪刃从停车点到剪切点的弧长；

a——转鼓的加速度。

头部剪切完成后，自动定位程序开始对转鼓进行定位，等待切尾操作。

4.2.6 自动切尾

若带钢尾部速度为 V'_b，尾部剪切的滞后率为 α，则飞剪剪切速度 V'_c 为：

$$V'_c = (1 - \alpha)V'_b$$

当带钢尾部达到 c 时，PLC 程序中的“剪切计时器”开始计时。此时的预置时间 T 是带钢尾部到达 c 点的时间 T'_b 与剪刃到达剪切点的时间 T'_c 之差。

$$T = T'_b - T'_c$$

$$T'_b = (L_r - L_t)/V'_b$$

$$T'_c = (S/V'_c) + (V'_c/2a)$$

式中 L_t ——操作员设定的尾部剪切长度。

尾部剪切完成后，控制软件自动启动定位程序进行转鼓定位，为下一次头部剪切做好准备。

4.3 精轧主令控制

精轧主令控制主要完成精轧 E_2、$F_1 \sim F_8$ 的传动装置速度控制及相关辊道控制，并辅助完成终轧温度控制。

4.3.1 秒流量方程

为了保证轧制过程的正常进行，必须使得在单位时间内通过各机架的金属流量相等，即各机架上轧件的横截面积与金属流动速度的乘积相等[51~55]，为：

$$B_1h_1v_1 = B_2h_2v_2 = \cdots = B_ih_iv_i = 常数$$

式中 B_i ——第 i 机架出口处带钢的宽度；

h_i ——第 i 机架出口处带钢的厚度；

v_i ——第 i 机架出口处带钢的速度，$i = 1, 2, 3, \cdots, n$。

在实际生产过程中，由于带钢的宽度与厚度之比值很大，可以认为带钢在各机架上的宽度近似不变，因此秒流量公式可简化为：

$$h_1v_1 = h_2v_2 = \cdots = h_iv_i = 常数$$

速度设定一般由过程计算机根据轧制工艺状况，以及设备能力情况，按照负荷分配得到各机架出口厚度，并根据终轧温度确定末机架出口速度 v_n 后，用秒流量方程反推出各机架速度设定值。由于带钢在轧制过程中存在前滑，带钢速度与轧辊速度之关系如下：

$$V_i = V_{oi}(1 + f_i)$$

进而

$$V_{oi} = h_n(1 + f_n) \times V_{on} / (h_i \times (1 + f_i))$$

式中 f_n ——末机架的前滑值；

f_i ——第 i 机架的前滑值；

V_{oi} ——第 i 机架的轧辊线速度；

V_{on} ——末机架的轧辊线速度。

秒流量方程仅仅适用于稳定轧制状态。在实际轧制过程中，要保持各机架的“秒流量”相等，会受到很多工艺因素制约，况且各工艺参数之间还存在比较复杂的关系。当对机架间活套进行调节时，各机架的秒流量便不再相等[56~59]。

4.3.2 轧机主速度设定

热轧精轧机组主速度系统由速度整定及速度调节两部分构成。速度整定用于穿带前将各机架速度调整到设定值，而速度调节则是穿带后的动态调节，各机架间的速度级联便是速度调节部分的一个重要功能，同时精轧机组具有待机控制功能。图 4-1 为精轧机组主速度系统的功能框图。

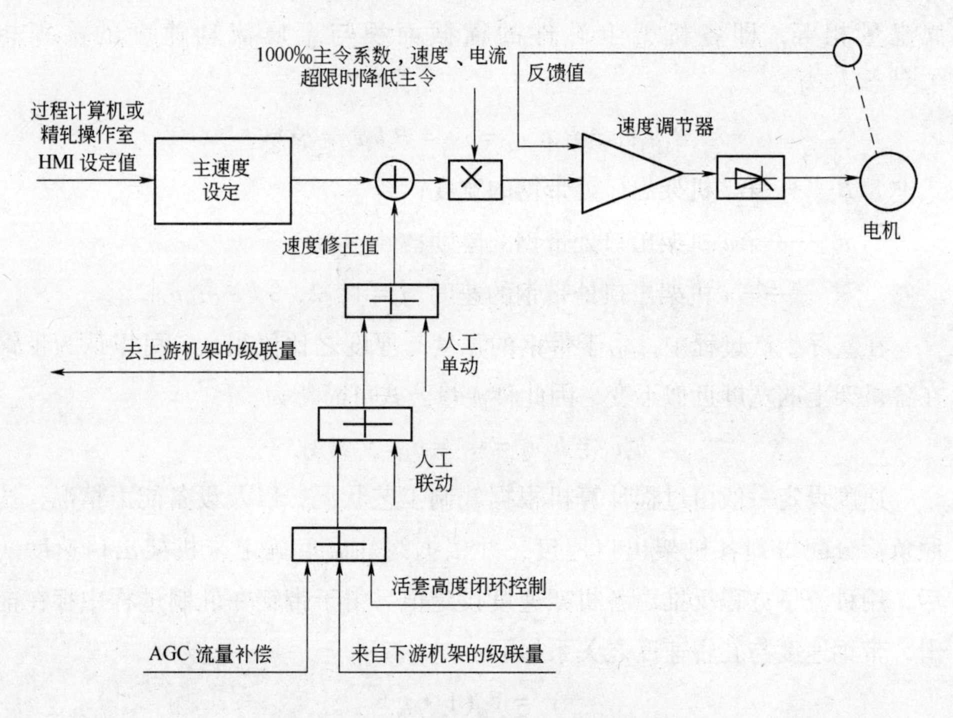

图 4-1 精轧机组主速度系统功能框图

主速度整定在下列不同情况下采用不同的斜率：

(1) 正常从停止状态到某一速度运行时；

(2) 换规格时，从某一速度值修正到另一速度设定值；

(3) 正常停车；

(4) 紧急停车；

(5) 快速停车。

4.3.3 轧机主速度调节

速度调节包括手动微调、活套高度闭环调节、AGC 调节补偿以及下游机架的级联补偿。如此，第 i 机架的速度调节量可用下式来表达：

$$\Delta v_i = \Delta v_{iR} + \Delta v_{iAGC} + \Delta v_{iLC} + \Delta v_{is}$$

式中 Δv_{iR} ——人工速度精调量；

Δv_{iAGC} ——AGC 速度补偿量；

Δv_{iLC} ——活套高度闭环调节量；

Δv_{is} ——下游机架来的级联调节量。

i 表示第 i 机架〔$i=1\sim(n-1)$〕，n 为末机架。末机架的速度作为基准值而不调节，调节时的级联方向是下游向上游机架进行，即所谓逆调。在实际控制过程中，每个控制周期均按照轧线的逆流方向逐机架计算级联量，以保证各机架级联调节信号无滞后地进入各机架速度输出中，保证轧制过程的稳定性[60~63]。

4.4 精轧区活套控制

4.4.1 活套的控制要求

活套的控制要求有：

（1）活套的起套、落套和调节全部自动完成。

（2）各活套的单位张力值在 1.5~4.5N/mm²，可任意选定，要求在装置过程中保持设定的张力值恒定。

（3）活套的操作分为自动和手动。

1）全自动操作：自动控制起套落套，自动调节活套高度并保持所设定的张力值恒定；

2）手动操作：手动控制起套落套，检修和测试工作方式。

自动起套：当带钢进入下一机架时，活套臂自动升起，起套时活套臂处于机械零位角（0°）或电气零位角（5°）。

自动落套：当带钢尾部离开上游前一机架时，经延时（每个活套的延时时间根据精轧机组的调试情况而定）落套，直接下降到机械零位角或电气零位角。

起套落套时间均小于0.3s。

当轧制速度设定不当或其他原因，在轧机咬钢时处于拉钢状态，因而不能起套，此时在起套信号0.5s后要强迫起套，并投入闭环调节系统。

（4）活套工作角可在10°~30°范围内设定，设定的工作角在±3°内为正常工作范围，在此范围内对轧机不调速。本活套的工作角设定为25°。

（5）该活套最大工作角为40°，超过40°应报警，由操作人员手动调节。活套最大升角为60°，此角为换辊时升角。

（6）活套与其前后轧机的速度在轧制过程中进行闭环控制，即保持活套高度恒定，以维持套量恒定。活套与轧机的调节为联合沿单方向上游调节系统，以7号活套为例，当7号活套需调整时，将同时调整6号、5号、4号、3号、2号和1号活套及其轧机的转速，其余类推。

4.4.2 活套起落逻辑控制

当相邻机架形成连轧后，下游机架主传动因轧辊咬钢受到突加负荷而产生动态速降，形成一个固定活套量，活套辊需尽快升起绷紧带钢，在设定的小张力状态下进行轧制。第 i 个活套起套的条件是由它前后的第 i 和 $i+1$ 机架调速器的咬钢信号控制的。在活套电机的速度设定和力矩设定上，采用了“软接触”定位控制，以尽可能地减少活套支持器与带钢接触瞬间对带钢产生的突然冲击，防止带钢头部局部拉窄。起套过程结束后连轧机进入小张力连轧阶段，此时活套的电流基准为与活套角相关的恒张力电流，电流的给定由公式算出。为了防止落套时活套架的冲击和反弹，采用了落套定位控制，实现落套的“软着陆”。落套完成后，一直有一个反向3%的小电流来控制活套贴紧下机械限位，以利于下块带钢穿带的顺利完成。图4-2给出了活套运行逻辑控制的原理框图。

4.4.3 活套套量自适应预报

（1）针对活套起套时可能对带钢产生撞击，使带钢头部被拉窄，即产生所谓的“缩颈”的现象，提出了起套过程软接触的概念。针对软接触控制，本系统给出了一套活套初始高度自适应预报模型，在假定套量

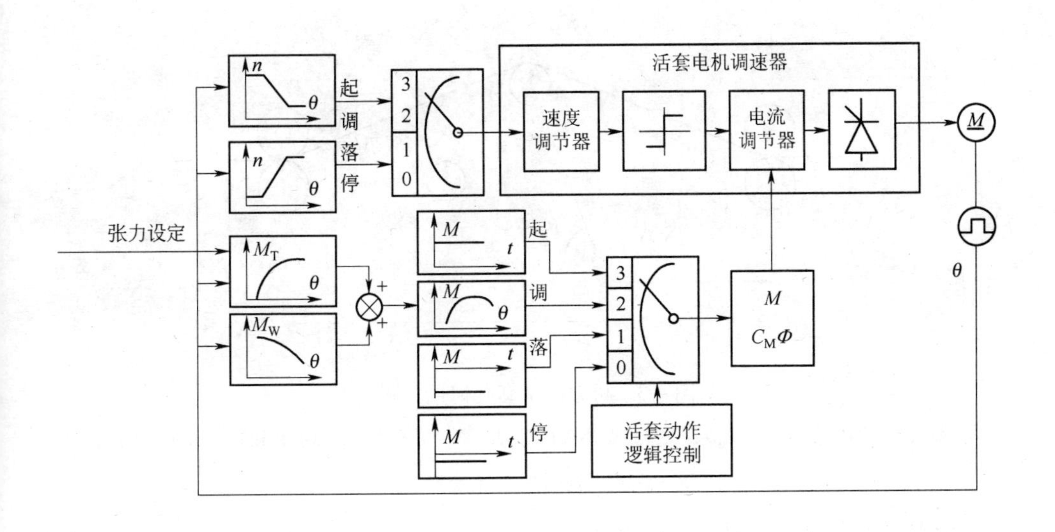

图 4-2 活套运行逻辑控制框图

是由动态速降引起的前提下，分析了下游机架的动态速降与活套量的关系，建立了初始活套量预测的数学模型，并用自适应调整方式来增加活套初始高度预测的精度。

（2）活套起套过程属于活套电机加速度受限条件下时间最小的角度最优控制问题。在控制系统设计中，将根据活套套量自适应预报模型实现活套起套过程与带钢的软接触相关参数的设定，逐段给出各阶段最优的电机速度和电流设定曲线。

4.4.4 活套高度控制

以某一设定的活套高度 θ 为基准，通过调节上游机架主电机速度，来维持活套量恒定。传统的活套控制系统中，由主传动速度控制系统及活套机构的套量信号（活套辊转角信号）组成活套高度闭环控制系统。各机架间出口和入口速度差的时间积分决定了活套量的大小。轧制过程中，当工艺参数（如辊缝波动、来料温度、其他控制系统的干扰等）发生变化，导致该速度差发生变化时，活套高度偏离基准值，此偏差用来调节上游机架的速度。机架间活套的几何尺寸如图 4-3 所示。

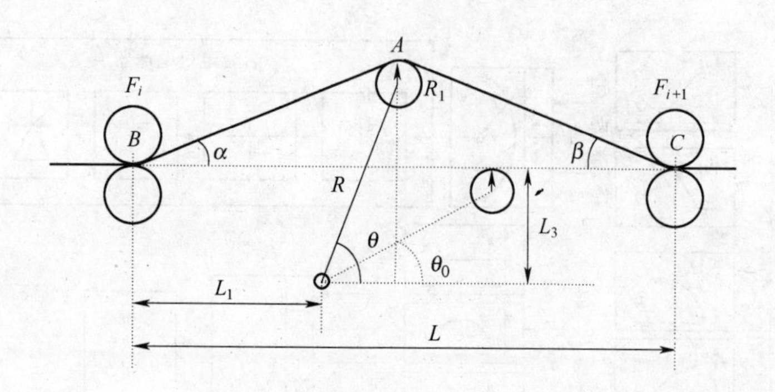

图 4-3 机架间活套几何尺寸图

L—前后机架间的距离；L_1—活套支撑点距离近机架的距离；L_3—活套支撑点到轧制线的垂直距离；R—活套摆臂长；R_1—活套辊半径

活套高度控制主要由活套高度基准环节、活套高度检测环节、活套高度控制环节和控制对象四部分组成。因活套高度系统闭环控制时，活套张力控制系统为电流闭环工作，响应快，活套支持器贴紧带钢，θ 角检测无滞后，可以忽略活套张力控制系统的惯性。

因为活套角对活套高度的变化非常敏感，调节器设计不好，极易产生振荡。活套高度的控制实际上是活套量的控制，而活套量的大小是两机架间带钢出口和入口速度差的积分。

机架间存储的活套量 ΔL 与所测得的活套角 θ 的关系为：

$$\Delta L = \sqrt{(L_1 + R\cos\theta)^2 + (R\sin\theta - L_3 + R_1)^2} + \sqrt{(L - L_1 - R\cos\theta)^2 + (R\sin\theta - L_3 + R_1)^2} - L$$

活套角度是由安装在活套电机轴上的光电编码器间接检测的，编码器信号进入控制系统中的过程模板。活套高度调节器的结构是 PI 调节器，通过调节上游机架的速度来控制活套高度。考虑到活套调节对上游活套的影响，必须向前窜调，以消除活套调节过程中的相互干扰。

为了提高活套高度系统的静态控制精度，采用模糊控制+PID 调节器的复合控制策略，当活套的设定值与给定值偏差较大时，采用模糊控制器；当设定和反馈偏差小于一定值时，采用 PID 调节器。这样既可以提高活套高度控制系统的动态性能又能兼顾其静态控制精度。

4.4.5 活套力矩控制

活套所需的力矩包括三个部分：一是活套辊给予带钢以适当的张力 T 所需的力矩 M_T，二是活套支持器本身及支撑机架间带钢全部重量的重力平衡力矩 M_W，三是活套控制加减速所需的动态力矩 M_D。

张力所需力矩：

$$M_T = \frac{R}{i}T\{\sin(\theta+\beta) - \sin(\theta-\alpha)\}$$

其中

$$\theta' = \mathrm{tg}^{-1}\frac{R\sin\theta + r}{R\cos\theta}$$

$$R' = \sqrt{R^2 + Rd\sin\theta + r^2}$$

$$\alpha = \mathrm{tg}^{-1}\frac{R\sin\theta - L_3 + r}{L_1 + R\cos\theta}$$

$$\beta = \mathrm{tg}^{-1}\frac{R\sin\theta - L_3 + r}{L_1 - L_2 - R\cos\theta}$$

重力平衡力矩：

$$M_W = \frac{R}{i}P\cos\theta$$

其中 $$P = BhL\gamma + P_L$$

式中 P_L——活套支持器重量。

动态力矩：

$$M_D = K_d\frac{\mathrm{d}}{\mathrm{d}t}(\Delta n_i)$$

式中 Δn_i——活套前后两机架的速度差。

总力矩：

$$M = M_T + M_W + M_D$$

活套电机电流：

$$I = \frac{M}{C_M\Phi}$$

活套力矩控制原理如图 4-4 所示。

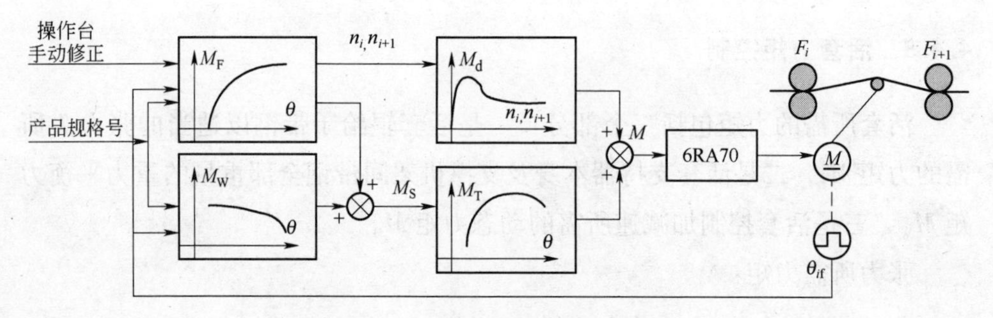

图 4-4 活套张力控制系统结构图

张力控制实质是控制电机的电流基准，分为起套、调节、落套三个阶段：

(1) 起套过程：活套辊需尽快升起并张紧带钢形成稳态轧制所需的微张力。所以，接收到起套信号后，活套电机应以较大的固定电流（即固定的加速度）在较短的时间内抬至活套高度并张紧带钢。

(2) 调节过程：起套过程结束后，即进入稳定的小张力连轧阶段。此时，电流基准由起套时的大电流切换到恒张力控制的电流。传统的张力控制中是按 $I = \dfrac{M}{C_M \Phi}$ 的函数关系，通过控制活套传动电机的电流来间接进行控制的。

(3) 落套过程：活套电机接收到落套信号后，电流基准由恒张力控制的电流基准切换到落套电流基准，活套电机反转落套，时间也要求在 1s 内。落套后，电流基准切换到停止电流基准值，使活套辊回到机械零位。

一般的起套过程为，活套辊以最大加速度升起并张紧带钢，使连轧进入稳定的小张力轧制状态。这满足了迅速起套，但活套与带钢接触时，活套运动的速度很大会造成对带钢过大的作用力，使带钢头部被拉窄而影响带钢的头部质量。为防止这种现象的发生，在活套电机的速度设定和力矩设定上，应采用“软接触”定位控制，尽可能减少活套支持器与带钢接触瞬间对带钢产生的突然冲击。满足“软接触”的条件是，活套与带钢接触时，活套速度足够小，并在两者接触到之前就开动张力控制，然后投入高度控制。

4.4.6 活套高度-张力解耦控制

活套控制系统是一个双输入双输出的多变量耦合系统，本系统从活套支持器的基本运动关系出发，推导出其在基准点附近的线性化数学模型，并给出了活套高度-张力控制系统的传递函数矩阵。

采用频域多变量矩阵对角优势解耦方法对活套高度和张力解耦控制器进行设计，根据设计出的具有对系统解耦功能的交叉控制器 C（s）矩阵，通过高性能的 PLC 控制器实现，完全消除了活套高度和张力两者之间的互相干扰，保证了生产的正常运行。

活套高度-张力解耦控制框图如图 4-5 所示。

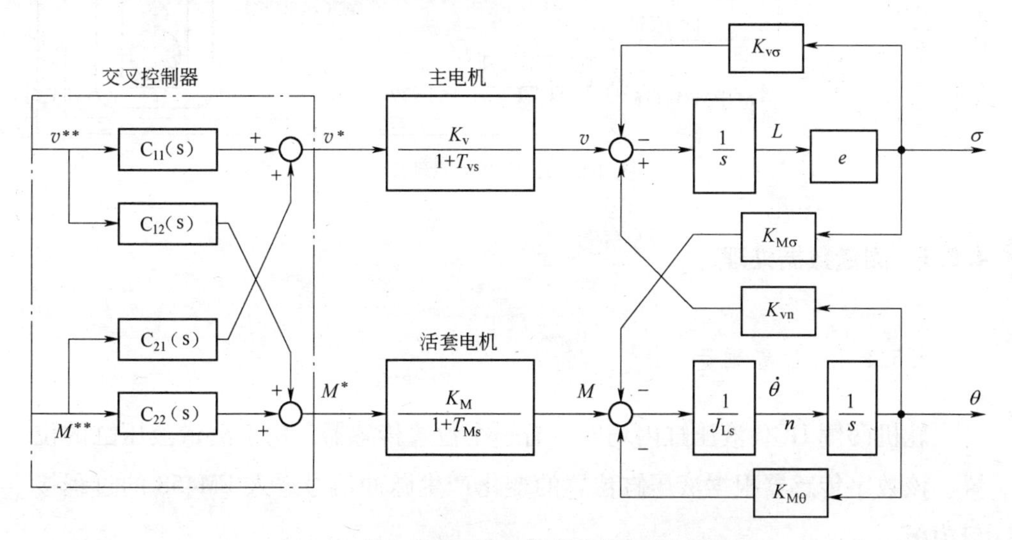

图 4-5　具有前置交叉控制器的活套控制系统

4.5　精轧 HGC 控制

液压辊缝控制（HGC-Hydraulic Gap Control）是指在指定时刻将液压缸的位置自动地控制到预先给定的目标值上，使控制后的位置与目标位置之差保持在允许的偏差范围内的过程。HGC 是液压压下系统的基本环节，实现液压压下快速准确的位置控制功能。

液压 HGC 工作时，将位置基准值（由预设定基准、AGC 调节量、附加补偿和手动干预给出）与液压缸位移传感器反馈值相比较，所得的位置偏差信号与一个和液压缸负载油压相关的可变增益系数相乘后送入位置控制器（PI 调节器）。PI 调节器的输出值作为伺服放大器的输入值（开口度信号），通过伺服放大器驱动伺服阀，控制液压缸位置上下移动以消除辊缝误差。位置调节闭环与压力调节闭环设有不同的放大系数，液压HGC的控制周期为2ms。

HGC闭环控制的原理图如图4-6所示。

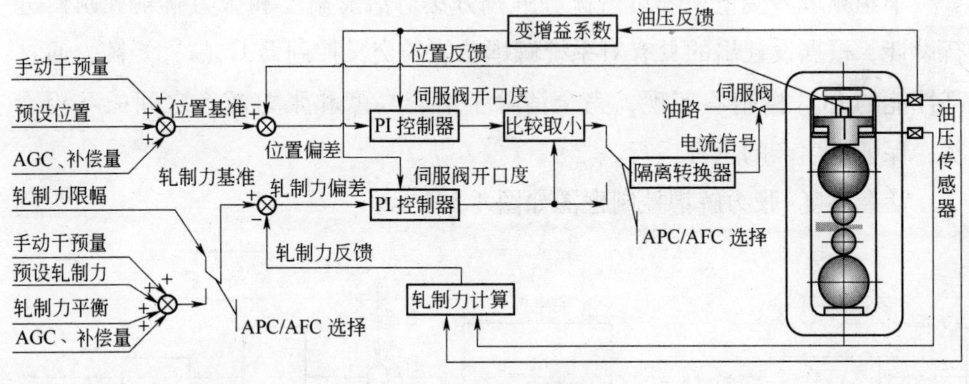

图4-6 HGC控制原理图

4.5.1 测量数据处理

4.5.1.1 位置测量

轧机两侧HGC液压缸内均安装有一个位置传感器，用于测量液压缸的位置。该数字传感器根据液压缸位置的变化产生脉冲信号送入FM458的过程接口模板。

为了精确的测量液压缸位置，对于该数字传感器的精度有严格要求，测量的分辨率为1μm。在这里，作出如表4-1所示约定。

表4-1 位置设定的相关约定

压下类型	操作状态	位置传感器读数	辊缝变化	压力变化	备注
液压	出油	减少	增大	减小	位置设定值低于实际值时，伺服阀负向电流，负向开口。此时，辊缝增大
	进油	增加	减小	增大	位置设定值大于实际值时，伺服阀正向电流，正向开口。此时，辊缝减小

4.5.1.2 轧制力测量

F1~F8轧机的轧制力可通过安装在液压缸伺服阀块上的油压传感器间接

测量得到。

4.5.2 HGC 控制器

HGC 控制器形式如下：

（1）位置控制—伺服阀的输出基于液压缸位置控制器来给出，液压缸的实际位置作为反馈。

（2）轧制力控制—伺服阀的输出基于液压缸轧制力控制器来给出，实际轧制力作为反馈。

（3）单侧独立控制—伺服阀的输出基于相应液压缸的位置或轧制力控制器来给出，两侧互不影响。这种模式主要在调试初期使用。

（4）倾斜控制—倾斜控制器的输出直接作为位置控制器或轧制力控制器的附加给定，通过该功能可以得到不同的倾斜位置[77~81]。

对于不同控制器来说，其内环控制原理类似。图 4-7 为 HGC 控制内环原理图。

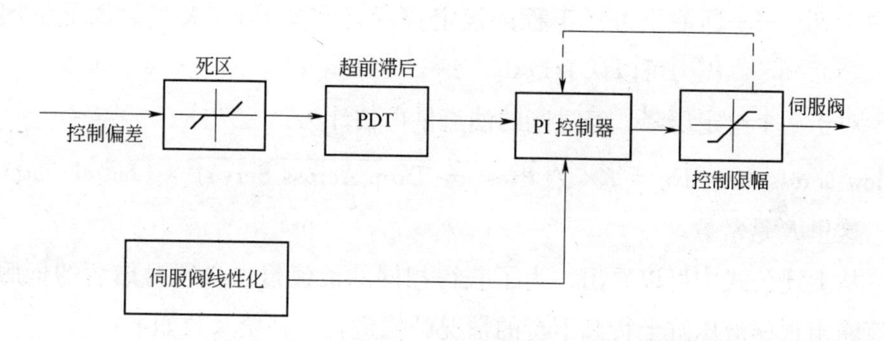

图 4-7　HGC 控制内环原理图

4.5.3 HGC 可选控制模式

位置控制 ON，位置倾斜控制 OFF；

位置控制 ON，位置倾斜控制 ON；

轧制力控制 ON，位置倾斜控制 OFF；

轧制力控制 ON，位置倾斜控制 ON；

直接伺服阀控制 ON。

4.5.4 HGC 伺服阀控制

通过伺服阀阀口油流量（柱塞移动速度）不仅与伺服阀开口度有关，还与阀口压力差有关：

$$Q = K \times I \times \sqrt{\Delta P}$$

即控制对象具变增益特性，从而不利整定参数，为此系统加入了非线性补偿环节以改善系统性能。流量非线性补偿分上下运动两种情形：

当液压缸进油时压降为：

$$\Delta P = P_{sys} - P_{cyl}$$

式中 P_{sys}——油源压力，为泵出口压力—管路损失，工程师设定或者是测量值；

P_{cyl}——液压缸无杆腔的油压（测量值）。

当液压缸出油时压降为：

$$\Delta P = P_{cyl} - P_{tnk}$$

式中 P_{tnk}——回油压力（工程师设定或者是测量值），大多数情况下回油压力可以认为是0。

对于一个给定压降，经过阀的油流量可估计为：

$$\text{Flow across the valve} = K \times \sqrt{(\text{Pressure Drop Across Servo})} \times \text{Control Output}$$

这里 K 是常数。

从上述公式中可以看出，为了获得相同的油流量，必须对最后的伺服阀电流输出根据液压缸上行和下行的情况补偿进行。补偿系数如下：

进油时：

$$K_p = \frac{\sqrt{P_{sys} - P_{sym}}}{\sqrt{P_{sys} - P_{cyl}}}$$

出油时：

$$K_p = \frac{\sqrt{P_{sym} - P_{tnk}}}{\sqrt{P_{cyl} - P_{tnk}}}$$

式中 P_{sym}——均衡压力，通常是由阀的均衡点来确定（工程师设定）。

另外，还设置了一个可调整的增益来由工程师选择采用多大的压降补偿。这个可调整增益在0~1之间。如果可调整增益设为0，则代表不进行补偿。如果设为1，则代表全部应用补偿[82~86]。见如下公式：

$$P_1 = (1 - \lambda) + \lambda \times \left(\frac{\sqrt{P_{sys} - P_{sym}}}{\sqrt{P_{sys} - P_{cyl}}} \right)$$

$$P_2 = (1 - \lambda) + \lambda \times \left(\frac{\sqrt{P_{sym} - P_{tnk}}}{\sqrt{P_{cyl} - P_{tnk}}} \right)$$

式中　λ——工程增益（其值在0~1之间，默认值为1）。

4.5.5 HGC 基准生成

4.5.5.1 HGC 标定计算

HGC 标定计算包括以下方面：

（1）液压缸位置标定：确定液压缸完全缩回时的位置测量值；

（2）液压缸轧制力标定：确定影响轧制力计算的空载轧制力偏差（例如辊系重量）；

（3）轧机辊缝标定：确定液压缸处于调零点时两侧的位置测量值；

（4）伺服阀标定：确定在任何稳态下液压缸伺服阀的泄漏量。

4.5.5.2 HGC 基准选择

图 4-8 给出了 HGC 基准选择关系框图。

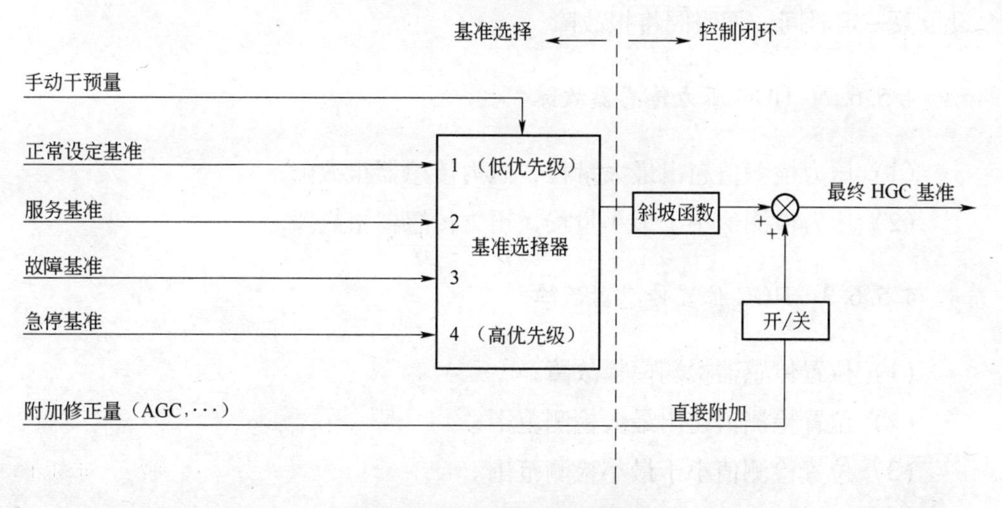

图 4-8　HGC 基准生成关系图

（1）设定基准：正常轧制过程中根据预设定辊缝而换算出的液压缸位置基准值。

（2）急停基准：当产生了一个急停信号时的液压缸位置基准值。

（3）故障基准：HGC 存在故障时的液压缸位置基准值。

（4）服务基准：调试 HGC 响应时所给出的液压缸位置基准值。

附加修正量如下：

（1）AGC、轧辊偏心等控制功能产生的动态位置附加量，将直接附加在 HGC 的给定上，不经过任何斜坡。

（2）操作员手动修正。操作员可以通过操作台来修正液压缸两侧的平均位置以及倾斜位置。平均位置及倾斜位置修正量受限幅控制。

（3）动态过载保护。为了避免轧制力过大损坏轧机，在位置控制器中加入一个压力过载保护。一旦轧制力超过最大轧制力，启动压力闭环锁定当前轧制力。

4.5.6 HGC 安全功能

4.5.6.1 HGC 伺服阀故障

（1）伺服阀电流持续饱和一定时间，伺服阀将报故障；

（2）若存在伺服阀电流检测，则伺服阀电流基准与电流反馈之差超出预设极限一定时间，伺服阀将报故障。

4.5.6.2 HGC 压力传感器故障

（1）压力检测值超出最大量程，压力传感器报故障；

（2）压力检测值小于最小量程，压力传感器报故障。

4.5.6.3 HGC 位置传感器故障

（1）位置传感器检测模板故障；

（2）位置检测值超出最大检测范围；

（3）位置检测值小于最小检测范围。

若出现以上三种情况，位置传感器报故障。

4.5.6.4 控制回路调节故障

检查位置或轧制力的设定值与实际值是否接近。如果两者之间的偏差在预设时间间隔内始终超过某一临界值，控制回路报故障。

4.5.6.5 极限轧制力保护

HGC 提供了三个等级的轧制力限制保护。前两级设为最大轧制力的比例值，第三级被设为与轧机最大允许轧制力相等。

Force Limit 1 < Force Limit 2 < Force Limit 3。

轧制力限制措施有：

（1）一级轧制力限制（100%）：停止所有导致轧制力增加的辊缝校正。

（2）二级轧制力限制（105%）：像一级轧制力限制一样停止所有辊缝校正，同时微开辊缝以使轧制力保持在安全水平。

（3）三级轧制力限制（110%）：HGC 液压缸将采取快卸。

4.5.6.6 轧制力偏差极限保护

操作侧和传动侧轧制力差超过某一设定值时，液压缸快卸。

4.5.6.7 位置偏差极限保护

操作侧和传动侧位置差超过某一设定值时，液压缸快卸。

4.6 精轧 AGC 控制

带钢厚度精度是检验产品质量的关键性能指标之一。为了获得最优的厚度控制精度，本方案应采用智能化集成化的综合 AGC 控制策略。综合 AGC 控制策略包括有前馈 AGC 控制、厚度计 AGC 控制、AGC 相关补偿控制以及监控 AGC 等[64~67]。

AGC 的主要控制功能如下：

（1）轧辊热膨胀和磨损补偿；

（2）张力损失补偿；

（3）流量补偿；

(4) 轧辊偏心补偿;
(5) 轧机刚度补偿;
(6) 前馈 AGC;
(7) 厚度计式 AGC;
(8) 监控 AGC。

4.6.1 AGC 补偿控制

4.6.1.1 轧辊热膨胀和磨损

当带钢在机架里轧制时工作辊和支撑辊温度会升高,当机架空时温度会下降。随着轧辊的温度升高,轧辊膨胀引起轧辊直径的增加,从而使得实际的辊缝减少。在轧制时轧辊的表面会产生磨损,从而引起轧辊直径的减小。上面的任意一种影响都无法通过辊缝位置传感器进行测量。因此根据轧辊的金属特性、轧件温度、轧制时间和长度、轧辊冷却喷嘴流量等因素,可以将这种影响根据大量的数据输入在设定模型中进行计算。计算包括短期和长期轧制发热影响[87~89]。

数学模型每 5s 可提供一个由温度和磨损引起的轧辊辊缝变化的预测累积值。当轧机辊缝清零时,当前值会被记忆。预测累积值与记忆值之间的差值应用于辊缝位置的补偿量。该辊缝位置补偿量通过斜坡发生器送入 HGC 控制器以实现平滑过渡。图 4-9 提供了一个简化的示意图。

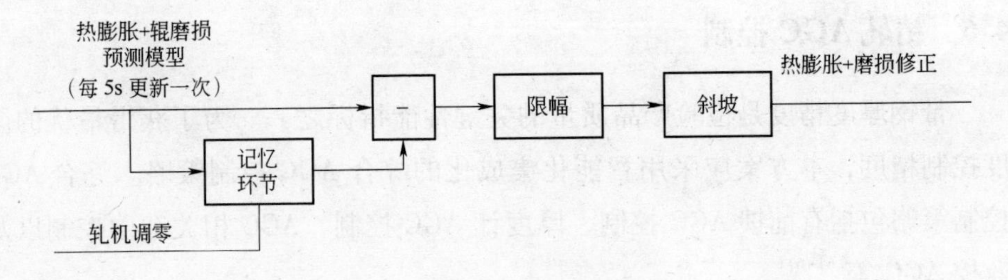

图 4-9 轧辊热膨胀和磨损补偿

4.6.1.2 张力损失补偿

当带钢的尾部离开上游机架时,带钢尾部失张进而使尾部的厚度增加。

因此，需要设置张力损失补偿功能，张力损失补偿量是与带钢厚度相关的一个百分数。当轧制厚带钢时，辊缝减小以维持带钢厚度不变。而对于较薄的带钢轧制时，轧辊辊缝将打开以防止损坏带钢尾部（重叠和撕裂）。在带钢离开上游机架失张时，此张力损失补偿量经过可调斜率的斜坡发生器后送给 HGC 进行调整，如图 4-10 所示。

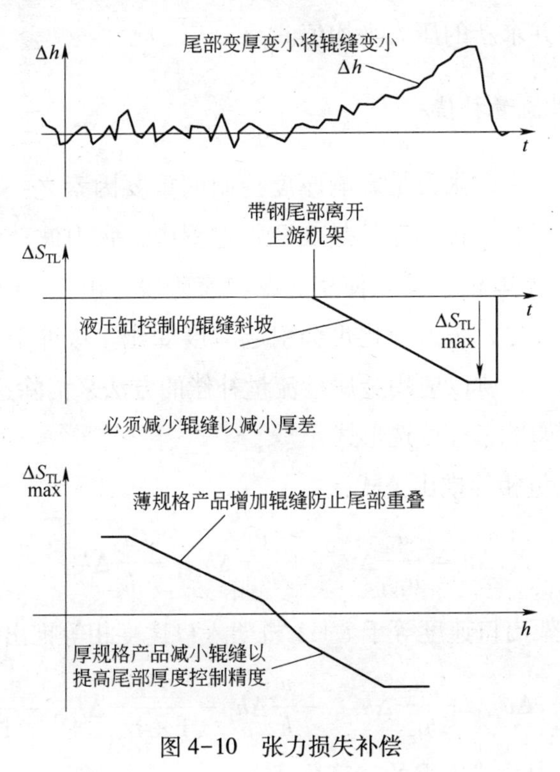

图 4-10　张力损失补偿

4.6.1.3　轧辊偏心补偿

当轧辊偏心较小时，将采用实测轧制力减死区值滤波方法。

当轧辊偏心较大时，采用偏心滤波器方法如下：

该滤波器是将支撑辊圆周等分为 125 点，采集 $N=125$ 点轧制力：$P_x(0)$、$P_x(1)$、$P_x(2)$、…、$P_x(n-1)$。并先求出轧制压力的平均值，公式如下：

$$P_{\mathrm{p}} = \frac{1}{N}\sum_{i=0}^{n-1} P_x(i)$$

再计算支辊撑转一周后每转一点的轧制力变化量：

$$\Delta P_n = 0.5(P_x(n-1) - P_x(0))$$

滤波器输出轧制压力：

$$P_x = P_{\text{p}} + \Delta P_n$$

这样处理后，轧制力信号将不包含轧辊偏心影响。在实际应用中，在采满轧辊旋转一圈的压力并求出平均压力之后，开始投运滤波器，每新采一点后求出轧制压力并求新的压力平均值。

4.6.1.4 秒流量补偿

在热连轧生产中，张力是影响厚度控制的重要因素之一。张力波动与厚度波动之间存在相互干扰，尤其是在穿带过程中，张力波动大容易引起轧机的振荡，使 AGC 不能正常投入使用。在稳态阶段，由于 AGC 调节厚度变化引起张力变化，反之，张力变化也会引起厚度变化。这种干扰单靠活套系统是很难完全消除的，所以应用金属秒流量补偿的方法来消除这种干扰影响。

流量补偿有如下三种可选形式：

（1）由秒流量相等推出公式：

$$\Delta u_i = \frac{u_i}{u_{i+1}}\Delta u_{i+1} + \frac{u_i}{h_{i+1}}\Delta h_{i+1} - \frac{u_i}{h_i}\Delta h_i$$

（2）由 i 机架出口速度等于 $i+1$ 机架入口速度相等推出公式：

$$\Delta u_i = \frac{u_i}{u_{i+1}}\Delta u_{i+1} + \frac{u_i}{h_{i+1}}\Delta h_{i+1} - \frac{u_i}{h_i}\Delta h_i + \frac{u_i}{1+f_{i+1}}\Delta f_{i+1} - \frac{u_i}{1+f_i}\Delta f_i$$

（3）由恒张力公式推得的计算公式：

$$\Delta u_i = \frac{h_{i+1}}{h_i}\Delta u_{i+1} + \frac{u_{i+1}}{h_i}\Delta h_{i+1} - \frac{h_{i+1}u_{i+1}}{h_i^2}\Delta H_{i+1}$$

式中 Δu_i ——第 i 机架速度补偿量；

u_i ——第 i 机架速度；

Δu_{i+1} ——第 $i+1$ 机架速度变化量；

u_{i+1} ——第 $i+1$ 机架速度；

h_i ——第 i 机架厚度；

h_{i+1} ——第 $i+1$ 机架速度；

Δh_i ——第 i 机架出口带钢厚度变化量；

Δh_{i+1} ——第 $i+1$ 机架出口带钢厚度变化量；

f_i ——第 i 机架前滑率；

f_{i+1} ——第 $i+1$ 机架前滑率；

Δf_i ——第 i 机架前滑率变化；

Δf_{i+1} ——第 $i+1$ 机架前滑率变化；

ΔH_{i+1} ——第 $i+1$ 机架入口带钢厚度。

4.6.1.5 轧机刚度补偿

轧机刚度补偿主要由轧件宽度补偿和轧辊辊径补偿两部分组成，由 L2 级设定计算并随精轧自动设定时给出。

补偿方法为：压靠法测试轧机刚度时，得出的是轧辊全辊面刚度，包含了轧辊辊径、板宽对轧机刚度的影响，可通过计算方法进行计算。

轧辊辊径对轧机刚度修正计算：

$$K_d = \frac{D_{max} - D}{D_{max} - D_{min}}$$

板宽对轧机刚度修正计算：

$$K_w = \frac{W_{max} - W}{W_{max} - W_{min}}$$

在轧制力较小处于弹跳曲线的非线性段时，根据该机架的实测刚度曲线进行非线性补偿。

4.6.2 前馈 AGC 控制

根据实测辊缝和实测轧制力以及入口厚度，实时计算出口轧件的厚度和塑性系数并送入寄存器；第 i 机架的入口厚度通过跟踪第 $i-1$ 机架出口厚度得到，跟踪方法将后文中作详述。第 $i+1$ 机架根据存放于寄存器中的第 i 机架出口厚度和塑性系数来预估带钢在本机架出口带钢厚度偏差，并通过液压压下系统提前调节辊缝来消除来料厚度和塑性系数变化对本机架轧出厚度带来的不利影响。图 4-11 为东北大学轧制技术及连轧自动化国家重点实验室所开发的一类基于塑性系数的前馈式 AGC 示意图。

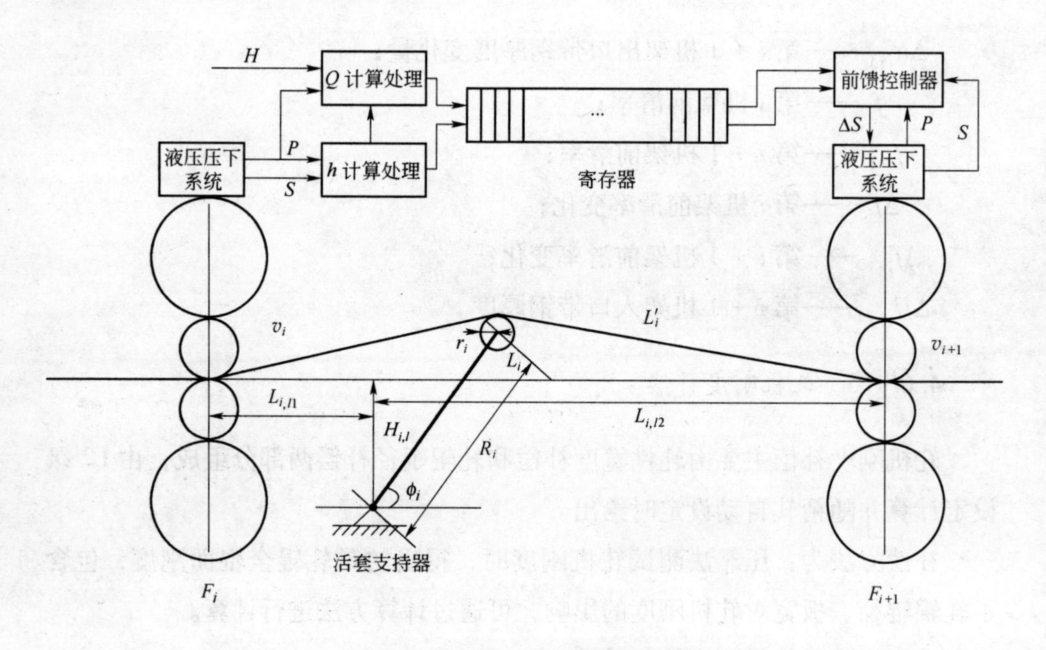

图 4-11 前馈 AGC 系统示意图

4.6.3 GM-AGC 控制

GM-AGC（厚度计式 AGC）的基本原理是把轧机本身当做测厚仪，根据采集到的轧制力和辊缝利用弹跳方程间接计算带钢厚度。将实测的弹跳厚度与头部锁定的弹跳厚度之间的偏差送入 GM-AGC 控制器中，控制器的输出附加到 HGC 环节上来调整轧机辊缝消除偏差[90~95]。

相比监控 AGC 来说，GM-AGC 的实时性更强且时滞较小。相比 BISRA AGC，厚度计式 AGC 在弹跳方程的基础上引入了弹塑性曲线，考虑到轧机压下效率，消除由当前实测轧制力变化量 ΔP_0 和辊缝变化量 ΔS_0 造成的厚差 Δh，需要辊缝在现在当前值 S 基础上改变量 ΔS，由如下公式计算：

$$\Delta S = -\frac{M+Q}{M}\Delta h$$

$$\Delta S^* = \Delta S + \Delta S_0$$

$$\Delta S^* = -\frac{M+Q}{M}\left(\Delta S_0 + \frac{\Delta P_0}{M}\right) + \Delta S_0 = -\frac{Q}{M}\Delta S_0 - \frac{MQ}{M+Q}\Delta P_0$$

厚度计式 AGC 控制原理如图 4-12 所示。

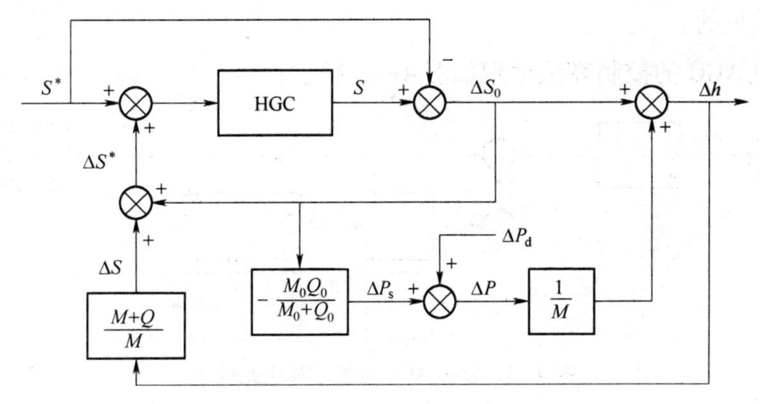

图 4-12　GM-AGC 控制原理框图

4.6.4　监控 AGC 控制

监控 AGC 的主要功能是利用测厚仪实时监测出口厚度，并将其反馈到监控 AGC 控制器中，控制器的输出量最终作用于精轧机架的辊缝位置修正。

监控 AGC 开（ON）/关（OFF）可以由操作员进行选择。当开（ON）的时候，监控 AGC 默认为绝对方式，并将产生一个辊缝修正，使带钢实际厚度尽可能地接近目标厚度。操作员也可以切换为模式使监控 AGC 的目标值为带钢头部厚度，这样监控 AGC 就具有了锁定厚度控制的特点[96~100]。

4.6.5　新型监控 AGC 算法

在轧钢过程中，用测厚仪进行厚度测量时，由于轧机结构的限制、测厚仪的维护，以及为了防止带钢断带损坏测厚仪，测厚仪一般安装在离直接产生厚度变化的辊缝较远的地方，例如，某热轧机的测厚仪就安装在离工作辊中心线约 3000~6000mm 之间。即测厚仪检测出来的厚度变化量与产生厚度变化的辊缝控制量不是在同一个时间内发生的，所以实际轧出厚度的波动不能得到及时地反映，结果使监控 AGC 的控制有一个时间滞后 τ，且滞后时间与轧制速度有关[72~76]。

从控制理论可知，对象纯滞后时间 τ 的存在对控制系统是极为不利的。它使控制系统的稳定性降低，特别是衡量纯滞后对系统影响程度的特性参数 $\tau/T \geqslant 0.5$（这里 T 为对象的时间常数），若采用常规 PID 控制是很难获得良好控制质量的。

监控 AGC 的控制算法原理如图 4-13 所示。

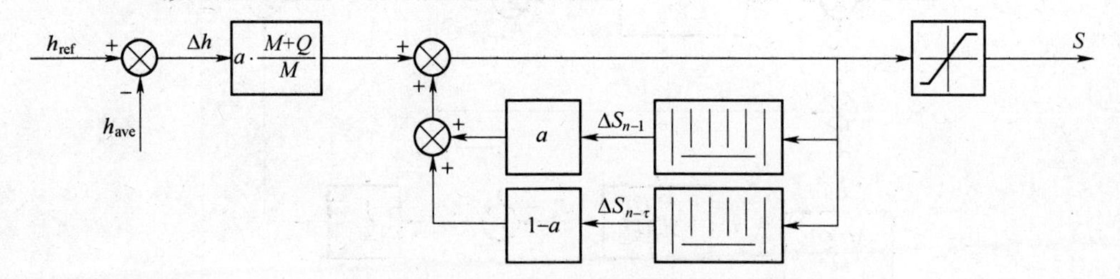

图 4-13　监控 AGC 的控制算法原理图

该监控 AGC 采用样本跟踪方式，每段样本的长度为测厚仪到辊缝的距离，这样定义后的系统延时为两个样本，调节器选为积分形式，将控制系统函数离散化整理后就得到了监控 AGC 积分调节器的控制率如下式：

$$\Delta S(i) = (1 - a)\Delta S(i - 1) + a\Delta S(i - 2) + a\frac{M + Q}{M}\Delta h(i)$$

式中　a——系统消差率，$a = \frac{(\Delta h)^2}{K}$。

4.6.6　厚度规格变增益

监控 AGC 的稳定性与带钢厚度规格有关。当轧制带钢较厚时，可以使用更高的控制。因此，所有机架的监控 AGC 增益将随带钢出口设定厚度的改变而变化。通常给出四个典型厚度下的监控 AGC 增益，其他厚度规格的监控 AGC 增益根据这四点确定的折线进行线性插值获得。监控 AGC 的厚度变规格增益因子是独立于监控 AGC 核心算法之外的附加因子[101~104]。

4.6.7　自动扇形控制

当出口带钢实测厚差较大且超过一个预定值时，精轧机架按照规程设定的压下量比例进行快速调节，尽快消除厚差。自动扇形功能的调节量通过直接给定监控 AGC 积分控制器的输出来实现。

4.6.8　调节量输出限幅

为了限制由于监控 AGC 引起的辊缝调节量，需要对由监控 AGC 的调节量进行限幅输出。

当带钢末道次抛钢后，监控 AGC 修正值清零并保持零值直到下一块带钢激活监控 AGC 为止。

4.6.9 与 GM-AGC 的相关性

当 GM-AGC 投入时，辊缝控制部分可以看做是一个厚度调节器。此时，监控 AGC 只需要给出一个厚度修正量即可。该厚度修正量送 GM-AGC 完成最后的辊缝修正。

当 GM-AGC 未投入时，辊缝控制部分只是一个位置调节器。因此，监控 AGC 的修正量是一个辊缝修正量。利用监控 AGC 计算出的厚度修正量与系数 $\mathrm{d}S/\mathrm{d}h$ 相乘之后便可得到该辊缝修正量[68~71]。

正是基于 GM-AGC 与监控 AGC 的相关性，当增大或减小 GM-AGC 的控制增益时，监控 AGC 的控制增益随之减小或增大。

5 卷取区基础自动化系统

5.1 卷取区 PLC 系统

采用西门子 S7-400 系列 PLC，硬件组成为 CPU414-2+FM458，CPU414-2 主要完成卷取区速度主令、卷取张力基准控制、卷取头部、尾部跟踪、卷取机设定。FM458 主要完成卷取区侧导板位置与压力控制、夹送辊位置与压力控制、助卷辊踏步控制、卷筒的卷径涨缩。

主框架包括模板如下：

PS：电源模板；

CPU：中央处理单元；

TCP：工业以太网通讯模块；

FM458：高速闭环处理功能模块；

EXM438：输入输出模块；

AI：模拟量输入模板；

AO：模拟量输出模板；

DO：开关量输出模板。

远程站设置：

（1）1 个置于卷取操作室的操作台，控制卷取整个位置、压力、速度控制；

（2）1 个置于现场，接收现场接近开关，以及电磁阀的控制以及卸卷小车的位置检测。

5.2 卷取机基础自动化系统的控制功能

卷取机基础自动化控制系统按功能划分为：

（1）卷取机主令控制：

1）驱动方式选择、状态监控；

2）区域速度主令和张力基准控制；

3）卷径计算；

4）卷取区头部和尾部跟踪；

5）自动卷取顺序逻辑控制；

6）卷取模拟；

7）卷取机卷筒涨缩控制和钢卷尾部定位控制；

8）卷取机卷筒冷却控制；

9）卷取机设定；

10）多台卷取机之间的切换控制。

（2）卷取机位置和钢卷处理设备控制：

1）卷取区公共逻辑顺序控制；

2）卸卷车和翻卷机的控制；

3）卷取机入口侧导板位置控制；

4）卷取机入口侧导板压力控制；

5）侧导板手动控制；

6）夹送辊手动控制；

7）夹送辊位置控制；

8）卷取区液压站控制；

9）卷取区水、风、电、气、油介质公共设施监督控制。

（3）卷取机助卷辊控制：

1）助卷辊手动打开/抱拢控制；

2）助卷辊自动打开/抱拢控制；

3）助卷辊压力控制；

4）助卷辊位置控制。

5.2.1 自动位置控制（APC）原理

卷取机入口侧导板开口度的设定、夹送辊辊缝设定、助卷辊辊缝设定都是自动位置控制系统。它们要求 APC 系统能够在最短的时间内平稳地将被控对象的位置调整到预先给定的目标值上，使控制结束后被控对象的实际位置与目标位置之差保持在允许的偏差范围内。

APC 控制的原理编码器输出的位置实际值是按格雷码（Gray code）编码。格雷码又称循环码，是一种变权码，其特点是相邻两位数值的编码中只改变一位的状态。因此，从一个位置的编码变换为相邻位置的编码过程中，不会由于多位改变状态而引起其他编码状态的出现，导致错误的位置实际值检测。但是 PLC 的 CPU 处理的数据只能是二进制码，必须将格雷码转换为二进制码，经过初始位置校准，才能得到被控对象的实际位置，参与控制算法的处理。

控制算法根据每个扫描周期检测到的位置实际值与目标位置之间的误差 ΔS，给出被控对象传动系统的速度基准值 V_{ref}，使之按匀减速运动到达目标位置：

$$V_{ref} = \sqrt{2a\Delta S}$$

式中　a——减速度。

PLC 编程时，按标准值作出平方根曲线。这样，定位过程的控制分三个阶段：

(1) 位置误差 $\Delta S > \Delta S_1$（ΔS_1 为减速点），$V_{ref} = V_{max}$，传动系统按最大速度运行；

(2) $\Delta S_2 < \Delta S < \Delta S_1$，传动系统按平方根曲线减速；

(3) $\Delta S_2 > \Delta S$，（ΔS_2 为死区）$\Delta S \to 0$ 时，被控对象在控制系统作用下接近目标值。

由于系统开环增益迅速增加，难于稳定地无超调地达到目标位置。为此，应使 $V_{ref} = 0$，动作抱闸，使被控对象停止在定位误差允许的范围内。

5.2.2 侧导板控制

卷取机入口侧导板采用全液压伺服系统，如图 5-1 所示。其系统组成为：1 个压力开关，用于检测系统最小压力；每套侧导板的控制系统中包括 2 台伺服阀放大器，用于将 PLC 输出的电压信号变换为电流信号，驱动 2 台伺服阀；4 个压力传感器，用于侧导板油缸压力检测，参与压力环控制；2 台磁尺和 2 台磁尺放大器用于检测侧导板位置；2 台单线圈二位置的电磁阀，当选择闭锁工作方式时，用于关断伺服阀回路；2 台双线圈三位置的电磁阀，用于替代伺服阀，完成侧导板旁通方式控制。

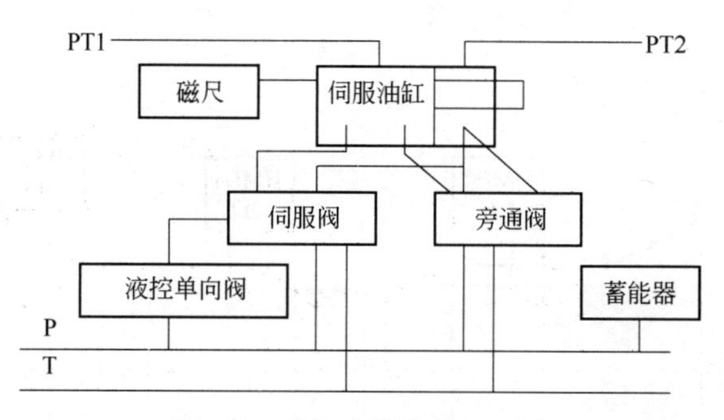

图 5-1 液压系统设备示意图

液压伺服侧导板具有 8 种工况：两侧同时打开、两侧同时减小、两侧同时向传动侧平移、两侧同时向操作侧平移、传动侧单侧增大、传动侧单侧减小、操作侧单侧增大和操作侧单侧减小。其中两侧同时打开、两侧同时减小这两种工况具有全功能（手动优先功能），其他工况只有手动控制功能。

5.2.2.1 侧导板控制时序

侧导板的控制时序（见图 5-2）：

（1）HMD1 检测到带钢后（HMD1-ON），侧导板进行头部跟踪计算，带钢头部距离侧导板入口 L_1 时，传动侧和操作侧两侧的侧导板各关闭 $S_1/2$mm。

（2）HMD2 检测到带钢后（HMD2-ON），带钢头部距离侧导板入口 L_3 时，操作侧侧导板关闭 S_2，传动侧侧导板与带钢保持 S_2 间隙。

（3）当卷筒电机建立负荷（DCLR-ON）后，传动侧侧导板由位置闭环控制切换到压力闭环控制，向带钢压靠并达到设定压力。

（4）当 HMD1 信号消失后（HMD1-OFF），侧导板进行尾部跟踪计算，当带钢尾部距离侧导板入口时，传动侧侧导板恢复为位置控制模式，传动侧、操作侧两侧侧导板各快速打开 20mm。

（5）HMD2 信号消失后（HMD2-OFF），带钢尾部距离侧导板入口 L_{15} 时，传动侧操作侧两侧侧导板各打开 S_3，侧导板恢复到初始设定位置。

5.2.2.2 侧导板压力环控制

在一次短行程关闭及夹送辊咬入后，侧导板控制自动从位置环切换到压力环控制，进入二次短行程控制，其压力值设定途径：当主操作台的 PGA 功能投入时，其压力值由 PLC 设定；当主操作台的 PGA 功能未投入时，其压力

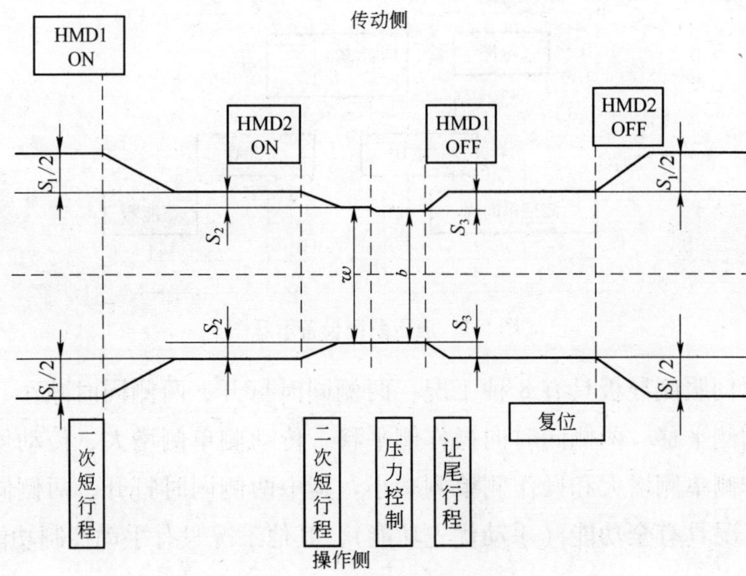

图 5-2 侧导板控制时序

设定值由操作员在 HMI 上设定。压力环投入/切除在 HMI 上选择。

5.2.2.3 导板限幅控制

限幅控制包括伺服阀控制和操作权限两部分。

(1) 在保证短行程动作速度前提下，对伺服阀给定基准加以限幅，这样可以比较有效地保护伺服系统，保证液压系统的稳定运行。

(2) 将精轧机终轧目标宽度锁定，作为侧导板开口度设定、手动干预的下限幅，防止操作员误操作，以尽量不将带钢夹住，保证卷取成功。

5.2.3 夹送辊控制

在夹送辊上、下辊由 2 个直流电机驱动，辊缝调节电机为交流电机，辊缝可自动调节。当轧件头部到达 F4 机架时，夹送辊由爬行速度开始加速，与输出辊道一道跟随并超前末架速度；轧件头部到 HMD1 时，上夹送辊下降，同时与下夹送辊由速度控制变为电流控制；当建张后，上夹送辊抬起，下夹送辊保持张力控制，给定一小电流值；当轧件尾部到达 F4 时，上夹送辊下降变为电流控制，下夹送辊保持张力控制，给定一负电流值；当轧件尾部离开末架时，下夹送辊变为速度控制，并开始计算减速距离；夹送辊失张后，上夹送辊抬起，上、下夹送辊变为速度控制，给爬行速度，进入下一循环。

5.2.3.1 夹送辊的位置与压力切换

位置控制与压力控制的切换时序是一个比较复杂的控制过程，如图 5-3 所示。以夹送辊为例，夹送辊上辊将在预设位等待。在夹送辊咬钢之前，夹送辊一直处于位置控制，当卷取机咬钢以后，夹送辊由位置控制转变为压力控制。当夹送辊抛钢时，压力控制转变为位置控制，并保持当前的辊缝。

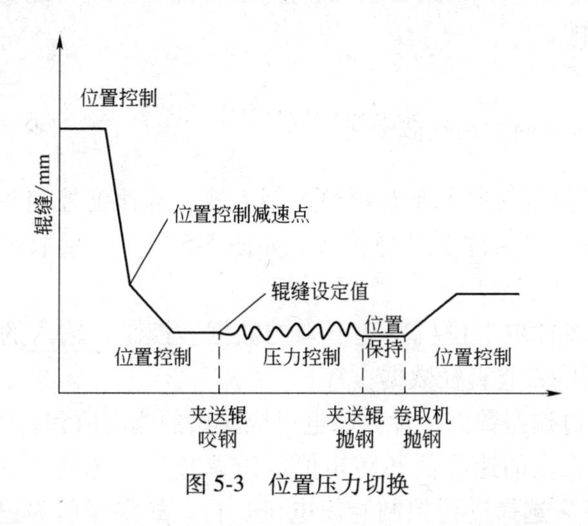

图 5-3 位置压力切换

5.2.3.2 夹送辊零辊缝标定

标定的作用是使系统设定的辊缝值和实际辊缝值相一致在辊缝标定时，按设定的数值使上下辊之间产生夹紧力差并使操作侧和传动侧的压力相等，如图 5-4 所示。

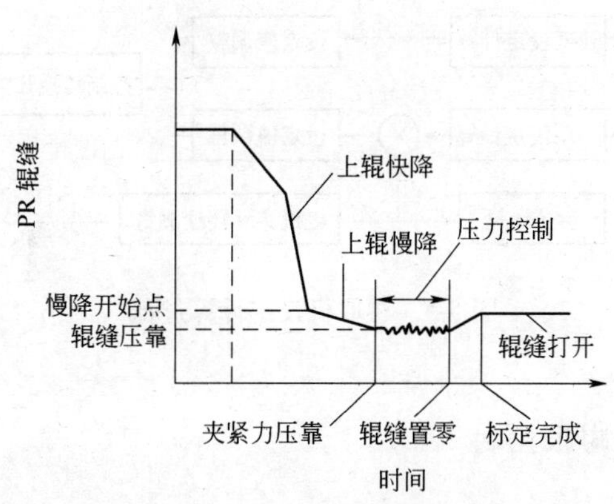

图 5-4 辊缝自动标定过程图

5.2.4 活门控制

在夹送辊和DC的入口辊道之间有一个活门，它是带钢进入卷取机的入口。此活门的打开与关闭是由两个液压缸来驱动的，被一个电磁铁控制。

两个接近开关用以检测打开和关闭位置。

操作方式：手动方式、自动方式。

5.2.5 卷筒控制

5.2.5.1 卷筒的控制过程分析

卷取机的工作过程中主要有两种控制方式，即速度控制和张力控制。这两种控制方式在一定条件下进行转换。如图5-5所示，卷取机控制过程可分为三个阶段：

阶段1：系统读取上位机发送下来的数据、控制台输入的数据和经过实际测量值计算后的带卷直径数据；

阶段2：通过这些数据，计算出电机应输出的速度值和转矩值；

阶段3：将设定的速度值和转矩值经过调整后，送到控制转换开关，供电机的控制设备来选择进行控制卷筒电机运行。如果当前为速度控制，则电机控制设备接收速度设定值为输入值，进行对卷筒电机的速度控制。

输出设定转速：如果当前为转矩控制，则电机控制设备接收转矩设定值为输入值，进行对卷筒电机的转矩控制，输出设定转矩。

从图5-5中可以看出，由于速度和转矩的计算使用了实测数据，因此卷取机设定值的计算过程是一个闭环过程。

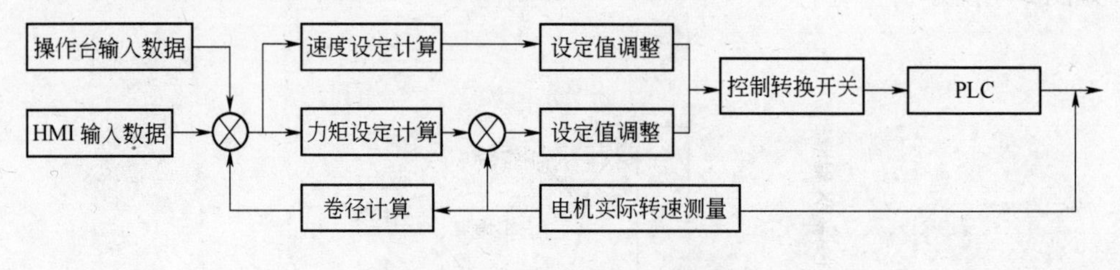

图5-5 卷取机设定计算过程

5.2.5.2 卷筒膨胀控制

卷筒的膨胀是由一个特殊的双杆液压缸来执行的，卷筒膨胀过程中的三个位置是由一个凸轮开关来检测的，以检测出卷筒分别在这三个位置的直径。

当外部出现事故时，应要求还有一个额外位置——事故最小位。要达到事故最小位就意味着液压缸还有一段额外的行程，这一段行程只能依靠手动操作（捅阀）。

三个固定的位置和液压缸的速度（卷筒膨胀速度）是由两个 DS-2P 液压阀和一个比例控制阀来控制的。液压缸的位置用一个绝对位置传感器（编码器）来检测。

连锁：当带钢张力建立时，卷筒不能到达最小位。

5.2.6 助卷辊控制

5.2.6.1 助卷辊 AJC 控制

卷取机都有三个助卷辊，定义为 1 号、2 号、3 号助卷辊，它们引导带钢的头部绕着卷筒缠绕第一圈，随后当钢卷第一圈绕定和带钢是张力已经建立，助卷辊就被打开；当卷钢即将结束时，助卷辊又抱拢，引导带钢作好尾部定位。

自动跟踪计算带钢位置并给电气控制发送信号。每个助卷辊都装有位置和压力控制器，在带钢卷取过程开始后，每当带钢头部转到距离任一助卷辊很近的位置时，该助卷辊都迅速抬起，和带钢脱离接触；而当带钢头部通过助卷辊后，该助卷辊则迅速回靠，以压紧卷筒上的带钢，并按压力控制方式运行。该过程将持续到卷取若干圈后全部助卷辊打开为止。良好的踏步控制系统应在保证带钢头部不与助卷辊相撞的前提下，尽可能缩小助卷辊和带钢脱离的时间，使卷形不受影响。三个助卷辊跳跃时，总有两个助卷辊处于压力控制，以防止钢卷松散。为了安全起见，助卷辊的跳跃量略大于带钢厚度。AJC 控制系统如图 5-6 所示，包括带钢头尾跟踪、助卷辊位置控制和压力控制。

5.2.6.2 助卷辊位置与压力切换

当助卷辊压紧带钢进行卷取时，助卷辊液压伺服系统处于自动压力控制模式，助卷辊对带钢的压紧力是按照工艺要求，由人工进行设定的，由于没有相应的直接测量压紧力的传感元件，因此压紧力是利用液压油的油压间接测量得到的。恒压力控制系统根据给定的压力参考值和根据油压计算的压力测量反馈值，通过压力调节器将压力差转换为伺服阀控制信号驱动液压缸运动，以实现恒压力控制。

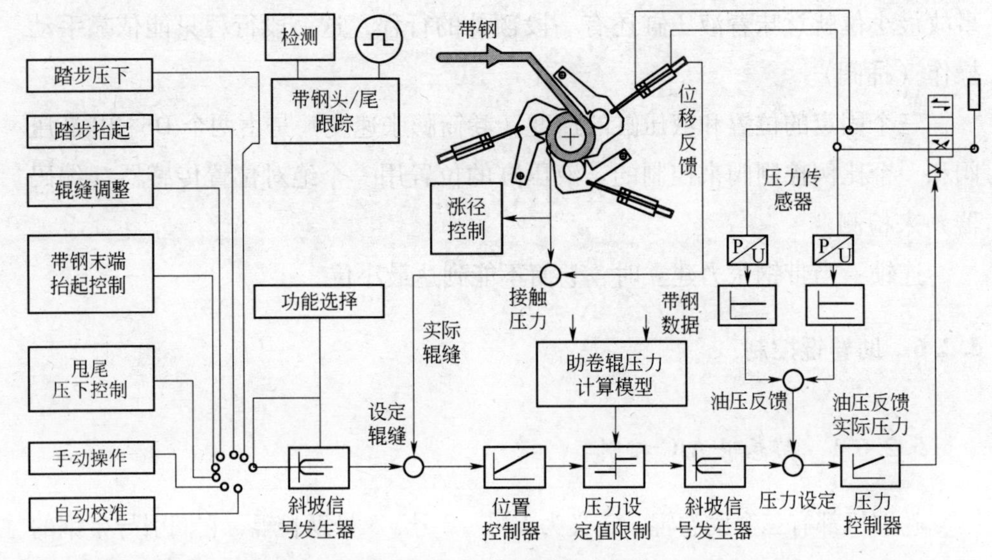

图 5-6 AJC 控制系统示意图

位置自动控制是助卷辊径向运动的基本控制功能。在开始踏步时，液压伺服系统从压力控制方式转换为位置控制方式，而当带头通过助卷辊后，再从位置控制方式切换回压力控制方式。液压压下位置控制系统根据给定的液压缸位置参考值和来自直线位移传感器的液压缸位置实时测量信号的差值，采用反馈控制（PID）和前馈控制相结合的控制算法，产生驱动伺服阀的控制信号，使液压压下油缸快速、准确动作，实现压下油缸位置的闭环调节。液压压下压力控制和位置控制是以液压缸作为执行机构，在基于液压控制器的控制下实现的。位置和压力控制方式的切换如图 5-7 所示。

5.2.6.3　助卷辊传动控制

每个助卷辊由一台 DC 电机传动，电机上都带有测速机用以控制速度和速度跟踪指示。对于每个助卷辊都提供超前速度和滞后速度；超前速度在操作台的 HMI 上设定，滞后速度在 PLC 上设定；三台助卷辊电机还配有一台电动式风机，以使电机通风。此风机由一台 AC 电机传动。

操作方式：手动方式、自动方式。

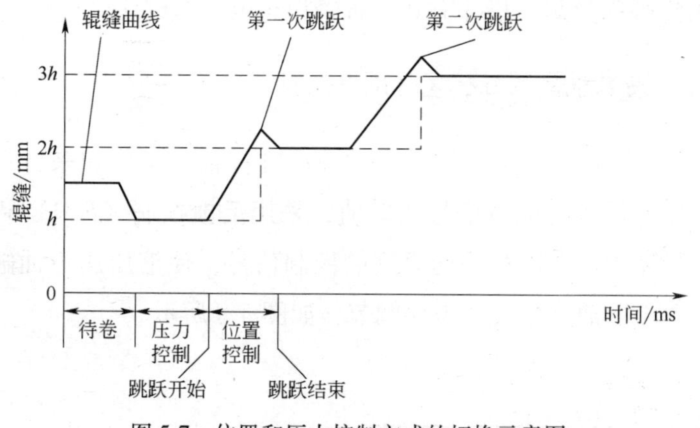

图 5-7 位置和压力控制方式的切换示意图

自动方式允许助卷辊运行条件：地下卷取机卷筒传动和助卷辊的机座都被锁定。

操作员控制助卷辊传动的装置：

（1）两个按钮：反转—正转（仅在手动方式下有效）；

（2）HMI：通过键盘设定助卷辊的超前率，%；

（3）HMI 画面显示：助卷辊的速度显示、助卷辊的超前速度、助卷辊电机速度。

5.2.6.4 助卷辊辊缝调节控制

每个助卷辊安装在一个可绕枢轴转动的支架上，以保证在卷钢过程中助卷辊的转动不受限制。助卷辊的支架由一个液-气双重缸来驱动。

每个助卷辊的初始辊缝（助卷辊距卷筒的距离，此时卷筒的直径为742mm）必须按带钢的厚度来调节，它的调节方式是依靠一台带抱闸的 AC 电机带动一个旋转式顶杆来调节的。

助卷辊辊缝的定位控制和辊缝指示是用一个位置传感器来完成的。

两个接近开关用以检测顶杆的最小-最大行程。

操作方式：手动方式、自动方式。

主操作台操作装置，对于每个助卷辊而言：

（1）两个按钮：随时调节辊缝，增加-减少；

（2）HMI：操作方式的选择、辊缝设定值（1/10mm，三个数字）；

（3）HMI 画面显示：操作方式、辊缝设定值、辊缝实际值。

5.2.6.5 助卷辊液压缸位置与压力控制

液压压下位置控制系统根据给定的液压缸位置参考值和来自直线位移传感器的液压缸位置实时测量信号的差值，采用反馈控制（PID）和前馈控制相结合的控制算法，产生驱动伺服阀的控制信号，使液压压下油缸快速、准确动作，实现压下油缸位置的闭环调节，如图 5-8 所示。

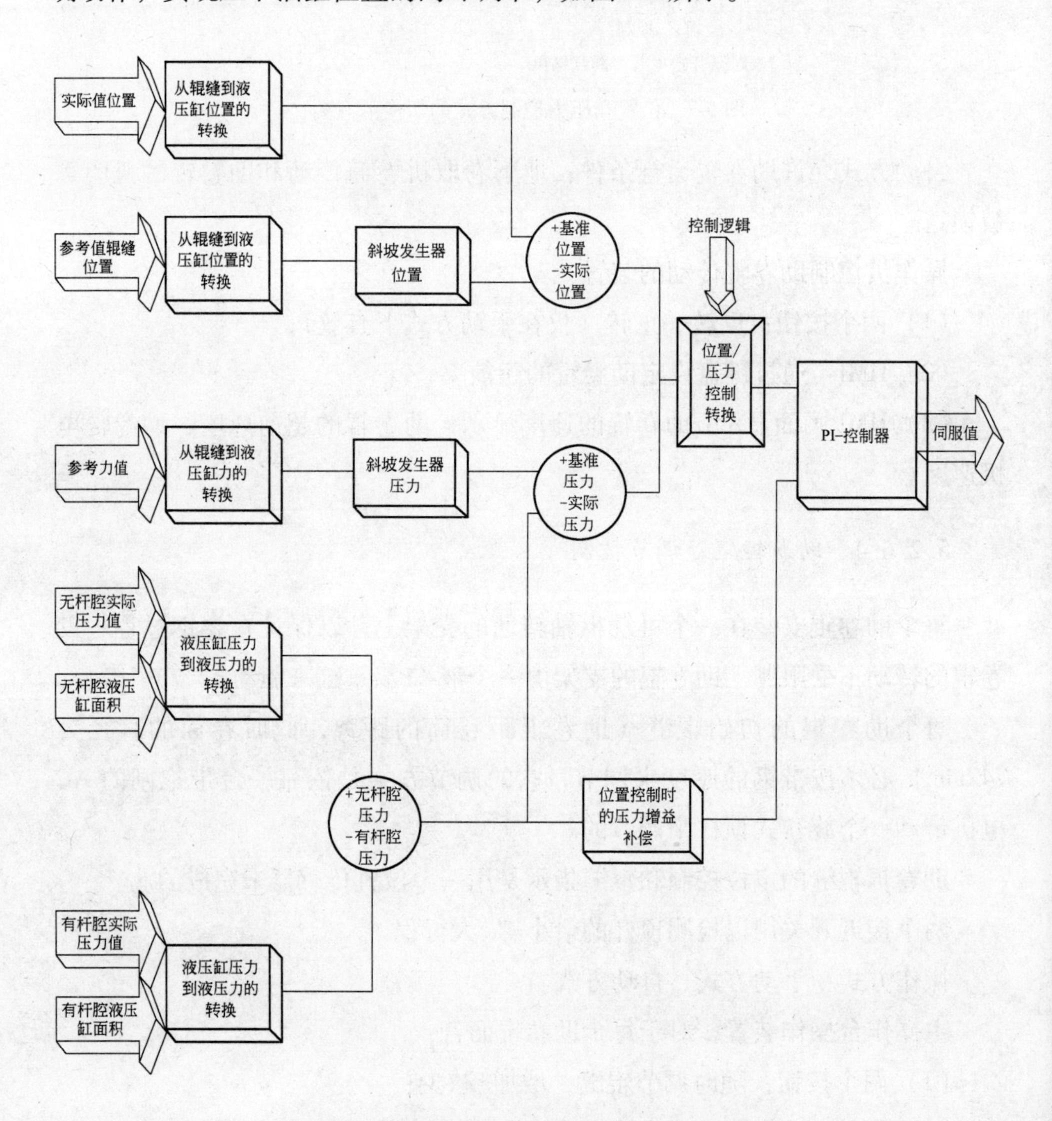

图 5-8 助卷辊液压缸位置与压力控制示意图

5.2.7 主令速度设定

主令速度在卷取机控制系统中至关重要，主要包括助卷辊、卷筒、夹送辊、辊道速度的控制。

阶段 1：带钢头部出精轧末机架 F_7 至夹送辊咬钢前。

在此阶段为了保证带钢头部在辊道上具有良好的行走性，防止带钢头部跳动，必须使输出辊道电机速度超前于精轧本机架的速度。全部 6 组辊道的超前率根据来料的种类决定，其数值由上位机给定，并且在精轧机 F_2 咬钢后，输出辊道、夹送辊和卷筒的超前率就已设定完毕。此外此系统对输出辊道速度还增加了手动控制的功能，当带钢在输出辊道上行走时，操作工可根据现场的实际情况，通过操作侧或操作台上的电位器（VR）对辊道速度（超前率）进行修正。

阶段 2：带钢头部进入夹送辊至卷筒建立张力前。

此时夹送辊的超前率同最后一组辊道的超前率一致，而卷筒的速度超前于夹送辊。带钢在活门及助卷辊弧型板的导向下进入卷取机，经过自动踏步控制后，带钢缠上卷筒，张力建立。一般情况下踏步 2~3 圈后，张力即可建立。

阶段 3：卷筒建张至精轧机架 F_1 抛钢前。

卷取机建张后，表示卷取过程已由速度控制转化为张力控制。此时精轧机、夹送辊及卷筒之间的张力已建立，精轧机、输出辊道、夹送辊、卷筒速度进入同步状态，卷取机根据上位机给定的单位张力进行控制。此时夹送辊与卷筒张力方向一致，共同承担精轧机后张力，使带钢在精轧机架与夹送辊及夹送辊与卷筒之间保持拉直。

阶段 4：F_1抛钢至 F_7 抛钢前。

在此阶段，因为带钢已逐步脱离 F_1 ~ F_6机架，所以精轧机与夹送辊和卷筒之间的张力开始减少，为了保持良好的卷型，当带钢尾部在 F_1 ~ F_6之间时要采取减张力控制，张力减小的斜率和张力的最小值都由上位机设定。此时，由精轧机与夹送辊共同承担它们与卷筒之间的张力。

阶段 5：F_7 抛钢至夹送辊抛钢前。

此时输出辊道的速度滞后于夹送辊速度，以输出辊道与夹送辊之间的带钢张力保证带钢尾部在辊道上的走行。而夹送辊速度又滞后于卷筒速度，以形成夹送辊与卷筒之间的带钢张力。

阶段 6：夹送辊抛钢至带钢尾部被压住。

带钢抛出夹送辊后，无须任何张力，由斜槽导板、压尾控制（UR），并由卸卷小车托辊将带钢卷紧卷好。

如图 5-9 所示为各速度配合关系。

5.2.8 卷取机张力控制

5.2.8.1 张力力矩

为使带钢在卷取过程中，能够形成良好的卷型，须为带钢施加一定的张力。张力力矩即是为了给带钢施加张力而设定的力矩值。

张力力矩的计算公式：

$$TenMom = XCMTC \times THICK \times WIDTH \times XCODIA/2$$

式中 $TenMom$——张力力矩；
$XCMTC$——单位张力；
$THICK$——带钢厚度；
$WIDTH$——带钢宽度；
$XCODIA$——带钢直径。

单位张力计算公式：

$$XCMTC = 1.2 \times TenFact \times 9.81 \times \frac{HYP}{MinH} \times \left(\frac{MinTh}{THICK} + 0.1\right)$$

式中 $XCMTC$——单位张力；
$TenFact$——张力系数；
HYP——热屈服强度；
$MinH$——最小热屈服强度；
$MinTh$——最小厚度；
$THICK$——带钢厚度。

在实际应用中，为了保证一定的张力，设定最小单位张力值。如果计算出的单位张力小于最小单位张力，则设定值用最小单位张力值来保证带钢上有一定的张力设定。

5.2.8.2 动态力矩补偿

在电机拖动系统启动和制动过程中，电机需要克服负载力矩和动态补偿。

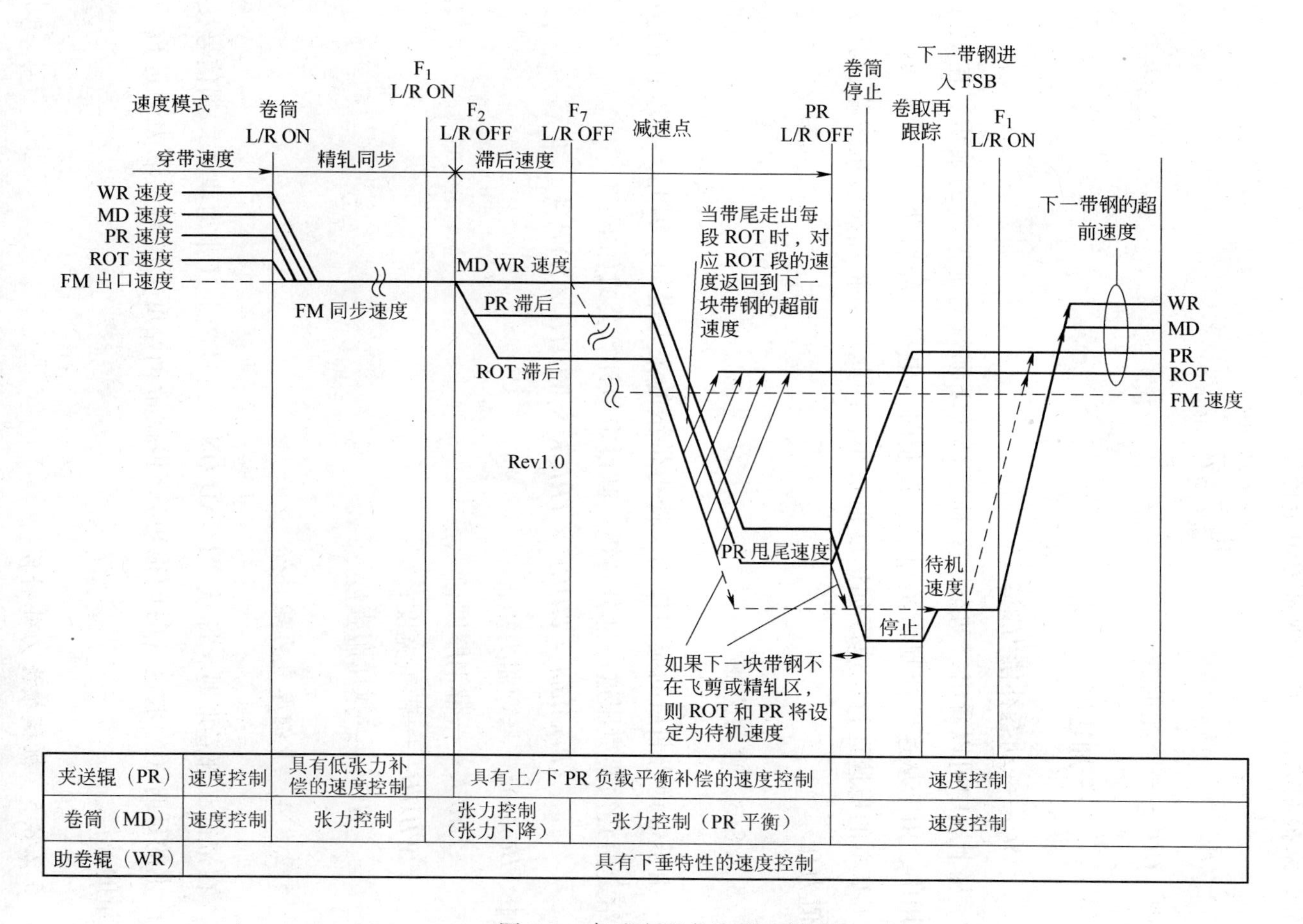

图 5-9 各速度配合关系示意图

对于卷取机来说，为了保持作用在带钢上的张力不变，需要消除加速转矩对张力的影响，因此必须对加速力矩进行补偿计算，然后作为总力矩给定的一部分，来控制力矩，以实现张力恒定控制。

$$M_a = \frac{CD^2}{375}\frac{dn}{dt}$$

式中 GD^2——飞轮惯性；

$\frac{dn}{dt}$——加速度；

M_a——动态补偿力矩。

从上式中可以看出，动态力矩补偿是转动惯量与加速度的乘积。在实际应用中，由于从速度控制切换到张力控制时，电机已经启动，并且其速度也处于基本的稳速运行，速度加速度值很小，因此通常将加速转矩忽略，其设定值为0。

5.2.8.3 弯曲力矩

由于带钢弯曲后的应力作用，使得带钢的张力增加，因此，卷取机的力矩给定值必须要克服这一部分转矩。其设定值计算公式如下：

$$BenMom = THICK \times THICK \times WIDTH \times HYP/4$$

式中 *BenMom*——弯曲力矩；

THICK——带钢厚度；

WIDTH——带钢宽度；

HYP——热屈服强度。

5.2.8.4 带钢厚度力矩补偿

在带钢头部卷取时，即从“LOAD ON”信号产生（张力建立）到信号接收产生的延时（一般这一时间很短），根据带钢厚度大小对卷取力矩进行一定量的补偿。

5.2.8.5 机械损失力矩补偿

该补偿量用于修正卷筒驱动电机到卷筒之间全驱动系统的机械损失，按卷筒单、双电机驱动分成两档定常数机械损失力矩补偿。

5.2.8.6 力矩设定

电机转矩的设定值由三个部分构成，分别为张力力矩、力矩补偿和弯曲力矩，则电机的转矩设定公式为：

$$MAFT = Ma + (BenMom + TenMom) / Gear + TK + TM$$

式中 $MAFT$——电机转矩；

Ma——动态力矩；

$BenMom$——弯曲力矩；

$TenMom$——张力力矩；

TK——厚度补偿；

TM——机械力矩补偿；

$Gear$——电机传动比。

5.2.9 头部跟踪计算

踏步控制的关键在于头部位置跟踪，头部跟踪原理如下（见图 5-10）：

$$L_{1j} = L + \pi[D_0 + 2(j-1)h]$$

$$L_{2j} = L + \pi[D_0 + 2jh]\beta$$

$$L_{3j} = L + \pi[D_0 + 2jh]\lambda$$

式中 D_0——卷筒预涨直径，mm；

L——激光检测器与 1 号助卷辊间距离，mm；

β——2 号助卷辊与 1 号助卷辊之间弧长所占整个周长的百分比；

λ——3 号助卷辊与 2 号助卷辊之间弧长所占整个周长的百分比；

h——带钢厚度，mm；

L_{ij}——第 i 个助卷辊第 j 次跳跃。

5.2.10 带钢尾部定位

带钢在卷取结束时，其尾部要进行下部定位，便于下一个工序的操作。

带尾离开精轧末架后，根据 F_7 出口速度，开始计算减速距离，在一定的时刻，发出减速命令，使带尾在到达夹送辊时其速度正好是预定的尾部定位

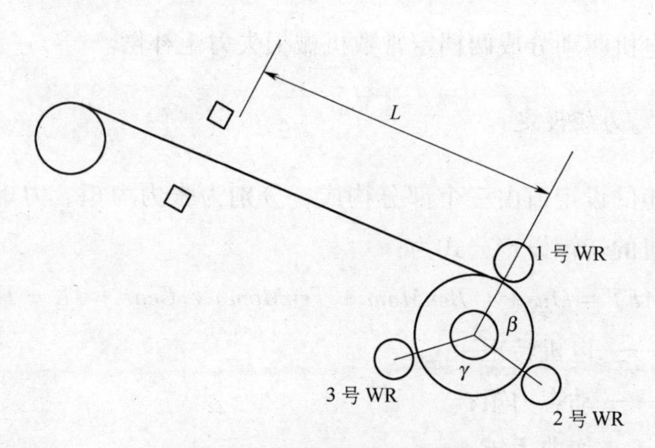

图 5-10 头部跟踪原理示意图

的起始速度。尾部定位确定以后，从开始到带卷停止期间带钢走过的长度与卷径的关系见图 5-11。

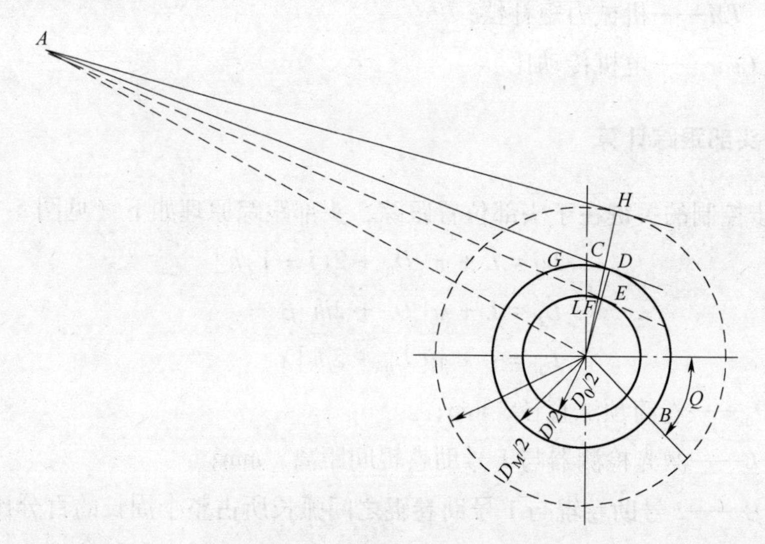

图 5-11 卷径与带钢长度的关系

D_M—最大卷径；D—最大卷径；D_0—初始卷径

A 点到 B 点的带钢长度 L，为 $\overline{AD}+\overset{\frown}{DB}$，其中：

$$\overline{AD}=\sqrt{\overline{AO}^2-\frac{D^2}{4}}$$

$$\overset{\frown}{DB}=\frac{\pi D}{2}-\frac{D}{D_0}\overset{\frown}{LF}-\frac{90°-Q}{360°}\pi D-\overset{\frown}{CD}$$

$$\overset{\frown}{CD}=\overset{\frown}{FE}\frac{D_{M}-D}{D_{M}-D_{0}}$$

$$L=\sqrt{\overline{AO}^{2}-\frac{D^{2}}{4}}+\left(\frac{\pi}{4}+\frac{Q}{360°}\pi-\frac{\overset{\frown}{LF}}{D_{0}}+\frac{\overset{\frown}{FE}}{D_{M}-D_{0}}\right)D-\overset{\frown}{FE}\frac{D_{M}}{D_{M}-D_{0}}$$

Q 角确定后，长度 L 仅为卷径 D 的函数。将 L 换算为卷取机卷筒脉冲数 P：

$$P=\frac{L}{\pi D}\times i\times P_{0}$$

式中 D——实际卷径；

i——传动比；

P_0——脉冲数，圈。

根据与编码器读入值，即可发出准确停车命令。

5.2.11 卷钢的安全卷取条件

液压系统：准备好（长时间有效）；

气压系统：准备好；

润滑系统：准备好；

1 号卷取机：被选定；

活门：打开；

夹送辊、卷筒、地下卷取机：机座锁定；

夹送辊的抬升：落下；

冷却水：打开；

卷筒活动支撑：抱拢；

助卷辊：处于初始辊缝位置，压力控制 ON（伺服方式）；

卷筒：欠涨；

夹送辊、卷筒和助卷辊：运转；

入口侧导板短行程：打开。

5.2.12 地下卷取机的移离控制

卷取机是可移离式的，依靠两个液压缸驱动，使卷取机在工作位置（液压缸伸出）和保持位置（液压缸缩回）之间移动。

操作方式：手动方式。

允许卷取机移离的连锁条件：卷取机的机座不被锁定。

当卷取机在工作位置时，必须将其机座锁定，锁定机座是依靠液压缸来执行的。必须锁定的有以下几部分：地下卷取机的机座、卷筒电机的机座、助卷辊的机座。在每个机座上都有两个接近开关用于检测锁定位置和不锁位置。

5.2.13 运卷小车控制

当卷钢结束后，要把钢卷从卷筒上卸下并运出卷取位置。运卷小车上装配了一个升降支架，用以托卷。

（1）卷取前，卸卷小车停在卷取机侧起停位，待 2 号助卷臂回到最大开口度位置后，卸卷小车托辊上升到卸卷等待位。

（2）当卷取机减速卷取时，卸卷小车托辊低压慢速上升，托住钢卷，并随钢卷直径增大而下降。

（3）当卷取机停车时，卸卷小车托辊升降液压缸由低压切换到高压，并向卷取机发出信号，同时锁紧液压缸上升锁紧托辊。

（4）得到卷取机信号后，卸卷小车慢速开出卷取机；待开出卷取机后，快速前进，同时向卷取机发出信号。

（5）当卸卷小车到达钢卷站前，减速前进，并慢速开进钢卷站。

（6）当卸卷小车得到钢卷站停车信号时，卸卷小车停在钢卷站。

（7）卸卷小车托辊下降到最低位后，卸卷小车快速驶向卷取机，锁紧液压缸下降松开托辊。

（8）到达卷取机前，卸卷小车减速，慢速开进卷取机。

（9）得到卷取机停车信号后，卸卷小车停到卷取机侧起停位，等待卸卷。

6 过程控制系统应用平台

6.1 系统的可靠性与稳定性

过程控制系统的稳定性是实现其他功能的前提，它的长期稳定运行直接影响生产的稳定。这就要求过程控制系统具有以下特点：

（1）良好的兼容性。由于过程控制系统常常需要和不同厂家的PLC、测厚仪、测宽仪等设备进行通讯，所以需要尽量采用主流常用且成熟的软件和技术，包括服务器的操作系统、编程软件、数据库和各种接口协议等，这样既能保证系统的通用性，也便于系统的开发和维护。

（2）强大的健壮性。健壮性包括容错能力和快速恢复能力。容错能力是指在异常情况下，如操作工在人机界面输入数据错误或者操作错误，系统计算数据错误时，系统能够自动进行有效性检查，做出保护动作确保输入、输出数据准确有效，从而保证系统正常运行的能力；快速恢复能力是指系统发生异常后，如网络中断，生产废钢，突然断电等，系统能够快速回复到错误发生之前的状态，从而保证后续工作不受影响的能力。

（3）各功能模块低耦合性。耦合性也叫模块块间联系。指系统中各功能模块间相互联系紧密程度的一种度量。模块之间联系越紧密，其耦合性就越强，模块的独立性则越差。过程控制系统必须是一种低耦合性系统，模块与模块之间的接口尽量少而简单，这就能够使各个功能模块独立地完成特定的子功能，有利于系统的容错和恢复。

6.2 系统功能

过程控制系统承担着整个生产线的过程控制和优化控制的任务，其需要实现的功能包括：

（1）系统维护功能。该功能对过程控制系统的整体进行管理和维护，包括系统各功能模块的启动、停止，变量监控，以及系统运行信息和故障报警信息的管理等。

(2) 数据通讯、处理和数据管理功能。板带材轧制过程控制系统处于钢铁生产流程中的中间位置，快速的物理变形及其在物理加工过程中的热转换过程要求其与计算机控制系统的其他组成部分之间必须保证实时高速的数据通讯。对于由通讯传递来的实时数据，必须根据使用目的的不同而进行不同的处理。另外对于内部数据及数据库数据，也必须进行有效的管理，以保证过程控制系统各功能的实现。

(3) 时间同步功能。过程控制系统各个服务器、客户端之间交互频繁，为了能找出故障时间点进而快速分析故障原因，各计算机的时间统一显得尤为重要。

(4) 轧件跟踪功能。该功能是过程控制系统的中枢，包括对轧件位置的跟踪和对轧件数据的跟踪。通过轧件跟踪可以在生产过程中为操作人员显示正确的信息，包括轧件位置、状态和相关的工艺参数，同时还可以为设定计算和全自动轧钢的逻辑控制等准备相应的数据。另外可以依据轧件跟踪信息触发相应的程序，对过程控制系统的功能模块进行调度。准确的轧件跟踪是控制轧制节奏和整个过程控制系统各项功能投入的前提。

(5) 设定计算功能。该功能是过程控制系统的核心。以轧制过程的数学模型为基础，通过轧制规程计算、板形控制参数计算、平面形状控制参数计算以及全自动轧钢控制参数计算来保证轧机实现高精度厚度和温度控制、板形和平面形状控制以及全自动轧钢控制，并通过模型自学习来提高数学模型的精度。设定计算功能的实现也是过程控制系统投入的根本目的所在。

(6) 全自动轧钢的逻辑控制功能。全自动轧钢的逻辑控制必须由过程控制系统和基础自动化系统协调完成。由过程控制系统根据轧件跟踪的结果，进行全自动轧钢的逻辑判断，产生水平方向辊道控制和垂直方向的道次数控制（机架数）的全自动控制信息，并由基础自动化具体执行。

6.3 通用性和易扩展性设计

对于不同的轧线，不论是硬件配置还是工艺方法，过程控制系统的总体功能框架应该具有一定的适应性，其中的系统维护、数据通讯、数据处理和管理等功能模块应该具有较强的通用性，不能对每个项目进行重复开发。而对于每条不同的轧线，由于其具体的控制范围和控制功能不同，相应的轧件跟踪、优化控制和模型设定功能模块应该可以灵活地进行修改，而不需要对系统总体框架进行变动。

6.4 RAS 架构设计

参考当前过程控制系统的最新趋势，并考虑 PC 服务器的性能能够保证系统的要求，采用了通用 PC 服务器作为载体，设计 RAS 轧机过程控制系统应用平台在体系结构上分为 4 层，如图 6-1 所示。最下层为系统支持层，操作系统使用 Windows Server 2003；第二层为软件支持层，数据中心使用 Oracle 10g，存储过程数据和实时数据；系统配置库使用 Access 数据库，存储系统配置文件，包括服务器 IP，端口号等初始配置；第三层为系统管理层，由系统管理中心（RASManager）和核心动态库组成；最上层为应用层，是系统具体工作进程，负责系统各个功能的具体实现。

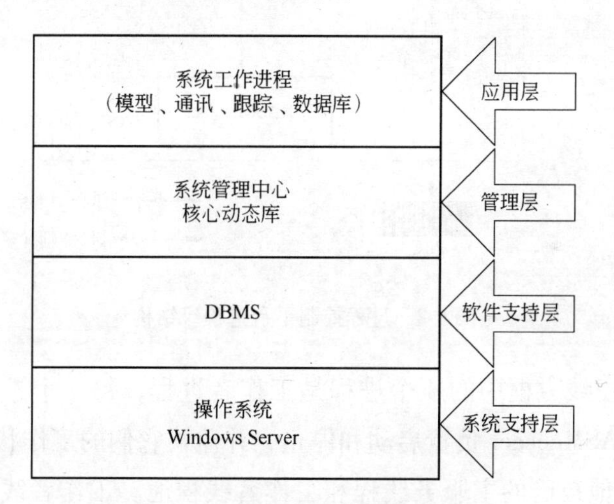

图 6-1 过程控制系统分层结构

6.5 RAS 进程线程设计

6.5.1 进程线程结构

考虑平台多任务性并行的特点，在进程级上采用一功能模块对应一进程，线程级上采用以线程对应一任务的模式。每个服务器有 5 个基本进程：系统主服务进程—系统管理中心 RASManager、网关进程 RASGateWay、数据采集和数据管理进程 RASDBService、跟踪进程 RASTrack 和模型计算进程 RASModel，分别负责系统维护、网络通讯、系统的数据采集和数据管理、带钢跟踪和模型计算，如图 6-2 所示。

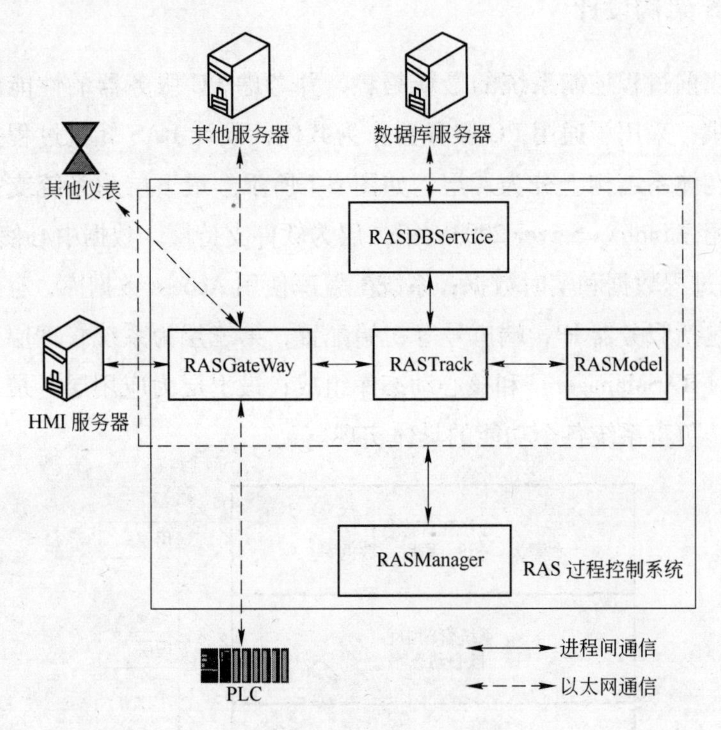

图 6-2　过程控制平台进程级结构

图 6-2 中虚线方框中的 4 个进程是工作者进程，每一个进程都是由系统主服务进程 RASManager 负责启动和停止，并监视它们的工作状态；每一个工作者进程又有他自己的主服务线程和工作者线程池。工作者线程池中是负责具体任务的工作者线程，系统进程线程关系如图 6-3 所示。考虑系统容错性，平台进程级和线程级上都设计有自己的心跳信号检测机制，即主服务进程和主服务线程对每一个工作者进程和工作者线程都有心跳检测用于系统监控各个进程和线程的工作状态，如果发现哪个工作者进程或线程心跳信号不正常，就会迅速报警并重启。

以热连轧精轧服务器为例，RASDBService 进程中具体任务线程如表 6-1 所示。进程主线程名和进程名一致，另有 19 个工作线程来分别完成不同的工作。1、8、9、10 和 11 号线程为预留线程供日后扩展备用，2 号线程为 HMI 存储线程 HMIDataW，主要用来存储和 HMI 交互的一些重要数据和时间点，例如操作工操作 HMI 的操作记录，可以作为轧线事故错误分析的重要依据；3 号线程为 PDI 存储线程 PDIDataW，主要存储带钢原始数据和参数；4 号线程为 PLC 存储线程 PLCDataW，主要负责存储轧制过程中的 PLC 传过来的实时数据；5 号线程为模型计算结果存储线程 ModelDataW，负责存储模型设定计算和自学习计算出来的计算结果；7 号线程为系统环境读取线程 EnvironmentR，负责在系统启动时读取客户机 IP、端口号和一些环境参数；12 号线程为精轧过程数据存储线程 FMDataW，负责写入精轧机组在轧钢时的各机架设定和实测轧制力、轧辊速度、活套角度、电机电流等；13 号线程为冷却过程数据存取线程 CoolDataW，负责把各个集管的健康状态、设定和实测流量、压力等写入数据库；14~17 号线程是曲线绘制线程，负责把精轧出口厚度、精轧入口温度、精轧出口温度、精轧出口宽度记录下来，供报表查询时曲线绘制。

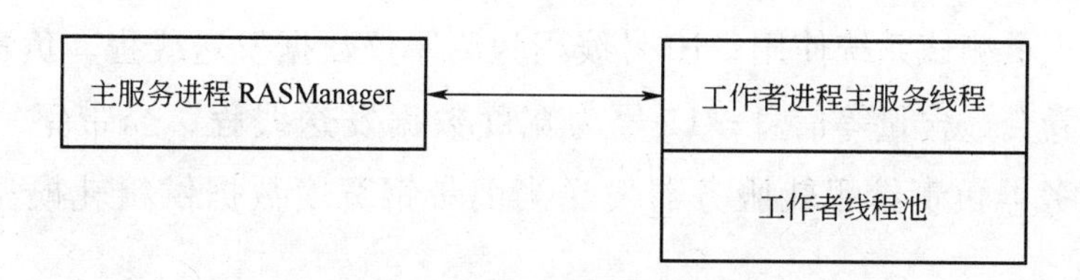

图 6-3 进程线程关系

表 6-1 数据库服务进程中各工作者线程

进 程 名	线程序号	工作者线程名	备 注
RASDBService	1	EnvironmentW	系统环境存储线程（预留）
	2	HMIDataW	HMI 存储线程
	3	PDIDataW	PDI 存储线程
	4	PLCDataW	PLC 存储线程
	5	ModelDataW	模型计算结果存储线程
	6	Logger2DB	日志报警存储线程
	7	EnvironmentR	系统环境读取线程
	8	HMIDataR	HMI 读取线程（预留）
	9	PDIDataR	PDI 读取线程（预留）

续表 6-1

进 程 名	线程序号	工作者线程名	备 注
RASDBService	10	PLCDataR	PLC 读取线程（预留）
	11	ModelDataR	模型计算结果读取线程（预留）
	12	FMDataW	精轧数据写入线程
	13	CoolDataW	冷却模型计算数据写入线程
	14	ChartThkFMExit	精轧出口厚度记录线程
	15	ChartTemFMEntry	精轧入口温度记录线程
	16	ChartTemFMExit	精轧出口温度记录线程
	17	ChartWidFMExit	精轧出口宽度记录线程

RASGateWay 进程中具体任务线程如表 6-2 所示。进程主线程名和进程名一致，另有 12 个工作线程来分别完成不同的工作。1、2 号线程为过程机和基础自动化通讯线程，负责周期和基础自动化进行通讯；3、4 号线程为 HMI 通讯线程，也是周期进行通讯，负责和 HMI 进行数据交互；5、6 号为过程机间心跳检查通讯；7、8 号线程为过程机间数据通讯；9 号线程为模拟出钢线程，负责操作人员测试系统使用；10 号线程为测厚仪数据发送线程，负责给测厚仪发送钢卷合金含量等信息；11 号为宽度数据发送线程，当带钢完成精轧后精轧服务器负责给粗轧服务器发送当前带钢宽度数据供粗轧模型自学习使用。

表 6-2 网关服务进程中各工作者线程

进 程 名	线程序号	线程名	备 注
RASGateWay	1	DataService	数据交换线程
	2	PLCProcess	PLC 通讯线程
	3	ReadHMI	HMI 通讯线程
	4	HMIProcess	HMI 通讯线程
	5	mSender	消息信号发送线程
	6	mReceiver	消息信号监听线程
	7	dSender	数据发送线程
	8	dReceiver	数据接收线程
	9	PDIPackageTest	PDI 模拟数据包发送线程
	11	GaugeSend	测厚仪发送线程
	12	WidthSend	宽度发送线程（给粗轧）

RASModel 进程中具体任务线程如表 6-3 所示。进程主线程名和进程名一致，另有模型设定线程和模型自学习线程。带钢在轧线上将会有 3 次设定计算和 2 次自学习计算。

表 6-3 模型服务进程中各工作者线程

进程名	线程序号	线程名	备　注
RASModel	1	ModelSetup	模型计算线程
	2	SelfLearn	模型自学习线程

RASTrack 进程中具体任务线程如表 6-4 所示。进程主线程名和进程名一致，1、2 号线程分别负责跟踪 PLC 和 HMI 信号，并进行相应的功能调度和数据采集，这两个线程是整个系统的总指挥；3、4 号线程为预留线程，方便后续功能扩展。

表 6-4 跟踪服务进程中各工作者线程

进程名	线程序号	线程名	备　注
RASTrack	1	PLCTracker	PLC 跟踪线程
	2	HMITracker	HMI 跟踪线程
	3	PDITracker	轧件跟踪线程（预留）
	4	Controler	过程控制线程（预留）

其他服务器（热连轧粗轧或者冷却、中厚板轧机服务器）系统架构和精轧相同，只是各自的模型进程计算的内容和数据库服务进程的几个工作线程储存的数据不同。

6.5.2 进程线程通讯

为保证过程控制平台进程间通信效率，采用进程间共享数据最快的方法-共享内存来实现各个进程间的数据通信，并使用临界区和事件对多个线程访问共享内存进行线程同步。

(1) 临界区。临界区是通过对多个线程的串行化来访问公共资源的一段代码。与其他同步对象相比，临界区相对较快，比较适合控制数据的访问。平台不同进程的线程对共享区的访问采用的是临界区的方式进行的同步。比如 RASGateWay 进程和 RASTrack 进程的线程都需要对通信共享区 IOCOM 进行数据读写，这就需要使用临界区来做线程同步。

（2）事件同步。事件是用来通知线程有一些事件已经发生，比较适合于信号控制，这种同步方式被广泛地运用到本平台中。平台在启动之初，就为所有工作者线程创建对应的事件信号，除跟踪模块中的其他线程启动后都是处于等待状态“待命”，一旦收到特定的事件信号，线程即刻被激活，进入到运行态，任务完成后线程阻塞进入等待状态“待命”，完成一个计算周期，如图 6-4 所示。

6.5.3 RAS 组件模块设计

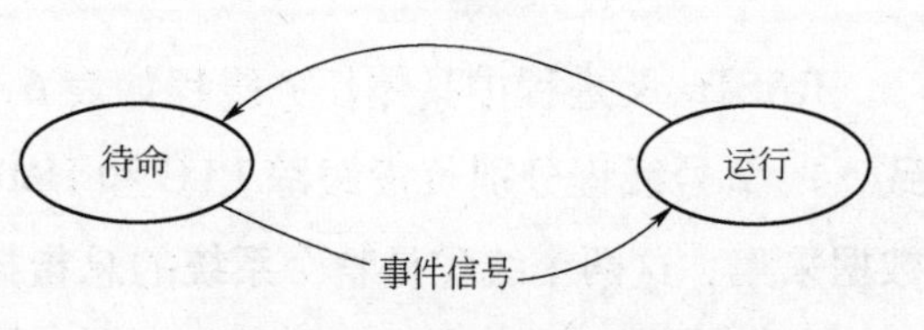

图 6-4 线程状态转换图

考虑平台对于板带材轧制过程的通用性，设计使用组件模式，可以根据实际的现场需要进行适当的组件搭配，以完成不同现场轧制的需要。各组件模块按功能如表 6-5 所示，其中数据库接口模块和模型计算模块是具有可选性的，依据不同轧线可以选择不同数据库模式和轧制模型。

表 6-5 各个功能组件模块的可选性

组件模块	可选性
管理中心模块	必选
进程、线程管理模块	必选
日志、报警模块	必选
数据库接口模块	可选
内存管理模块	必选
网络通讯模块	必选
轧件跟踪模块	必选
模型计算模块	可选

进程、线程管理模块是各个模块的最底层支撑，负责进程管理和线程调度。使用操作系统内核事件来控制线程的启停，整个系统中每一个线程都有一个控制其启动的事件信号和控制其结束的停止信号，结合在跟踪进程中的各种仪表信号就可以直接进行任务调度，使任务调度极为方便快捷，调试人员只需专注于自己负责的具体工作，不用分担过多精力在系统调度逻辑中。工作者线程工作流程如图 6-5 所示，在主线程启动各个工作者线程后，每一个工作者线程都处于“待命”状态，直到有召唤它工作的信号触发它执行具体任务，执行任务完毕后会给主线程返回信息，通知主线程，再一次进入

“待命”状态；如果工作者线程等待到的不是任务信号而是线程退出信号，则工作者线程将会释放内存空间，安全退出，随后进程也会安全结束，系统关闭。

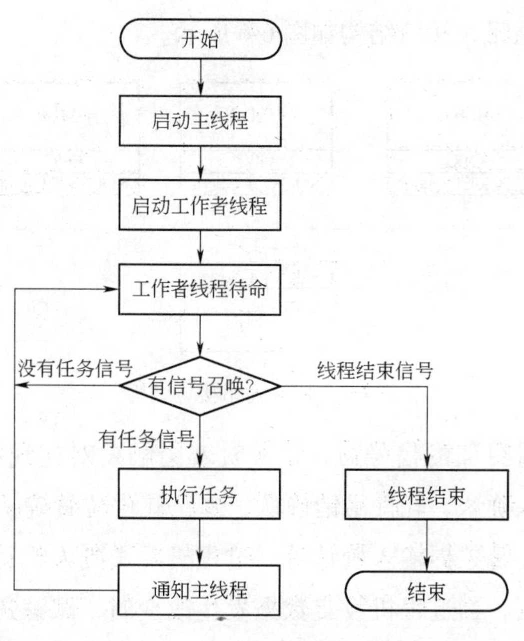

图 6-5 工作者线程工作流程

6.6 系统功能实现

6.6.1 网络通讯

6.6.1.1 与基础自动化的通讯

与基础自动化的通讯使用 TCP/IP 协议，包括接收和发送两部分。接收数据线程每隔 100ms 触发一次，接收到的数据包括轧线上的检测仪表实测数据和各种控制信号，对于模型计算所需要的一些数据直接交给跟踪进程中的数据处理模块，对于需要存储的过程数据交给数据采集模块进行存储。发送数据线程是由跟踪进程依据具体情况触发控制，发送的数据主要是模型设定数据，用于基础自动化控制设备执行具体工作。

6.6.1.2 与人机界面系统（HMI）的通讯

与人机界面系统的通信接口采用双层结构，内层基于 OPC 协议，使用多线程技术在人机界面端建立 OPC 服务器进行数据读写；外层基于 TCP/IP 协议建立 SOCKET 通讯，接口结构如图 6-6 所示。

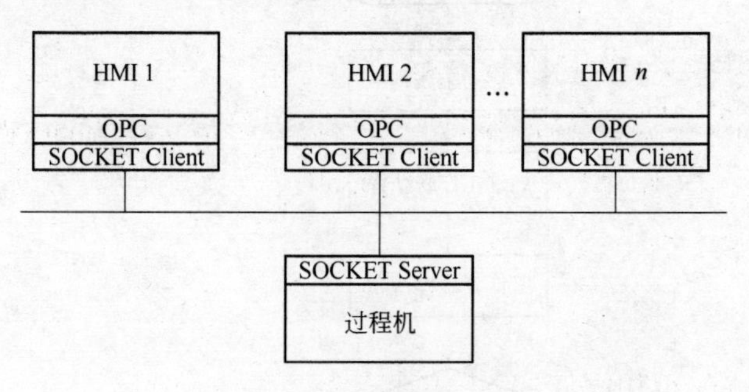

图 6-6 HMI 通讯接口结构

在接收到人机界面的信号后，过程机就会触发对应线程进行执行任务，主要包括数据输入确认、轧件吊销确认、修正轧件位置确认（前移或后移）、班组更换确认、轧辊数据输入确认等。过程机发送到人机界面的数据主要是一些模型设定数据，当过程机设定数据发生改变时，跟踪进程的调度模块就会触发人机界面数据发送线程，以保证新的设定数据能够及时地显示在界面上。

6.6.1.3 过程机间的通讯

整个过程控制系统采用分布式的布置模式，即依据每个服务器各自负责的主要计算任务而分别设置各自的独立服务器，例如热连轧过程可以大致设置粗轧、精轧、冷却服务器。过程机间采用 TCP/IP 协议进行通信。依据轧制工艺的逻辑顺序，各服务器的跟踪进程会触发服务器间通信发送线程给下一级服务器发送来料原始信息和成品信息，供不同服务器的跟踪进程进行数据的跟踪。

此外，过程机间还会采用 UDP 方式向网络广播一个周期为 500ms 的心跳数据包用来通知其他服务器在线状态，以精轧服务器为例，如图 6-7 所示，各个服务器以广播的方式把自己的心跳包发送到网络中，同时还会不断地从网络中收取其他服务器的在线状态，这样各个服务器不需要互相建立连接，在网络上各取所需，大大减小了系统负载。

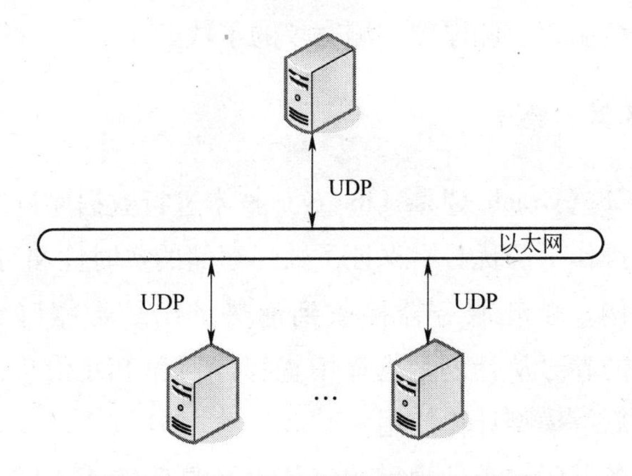

图 6-7 UDP 方式下服务器间拓扑结构

6.6.1.4 与测厚仪及其他外设的通讯

过程机与测厚仪间的通讯遵循 TCP/IP 协议，当带钢进入到控轧区后，过程机服务器需要把钢卷信息，包括合金名称、合金含量、目标厚度等，发送给测厚仪供气查询规程标定，测厚仪再返回回执数据包给过程机服务器。此外，过程机与测厚仪间还会互相发送一个周期为 500ms 的心跳数据包用来监视对方的在线状态。

与测厚仪类似，过程机的网络通讯模块还可以依据现场实际需要随时添加其他仪表的通讯线程，可以方便地对外设进行直接监控。

6.6.2 数据采集和数据管理

6.6.2.1 实时数据采集

由网关服务进程接收到的数据由仪表直接传输或者由基础自动化处理后传输，数据通讯周期为 100ms，直接交给数据采集模块进行预处理。来自现场仪表的测量数据主要包括：数据采集完成之后，用于数据库存储和供模型计算使用数据，数据库存储数据包括现场所有的实时数据，便于以后数据查询和故障检查；模型计算数据主要包括设定计算数据以及自学习计算数据；

模型计算的数据主要包括启动模型计算逻辑的入口仪表的读数；自学习的数据包括带钢头部穿过机组时的各仪表参数，包括轧制力、辊缝、电机电流、电机转速及机后测温仪、测厚仪、测宽仪的示数。

6.6.2.2 数据库操作

平台使用 OCL（Oracle Class Library）技术进行数据库读写。OCL 技术以它在大批量数据操作上的优势，保证了数据存储的实时性和可靠性。

以热连轧为例，粗轧服务器接收到加热炉出炉数据（来料原始信息）后，会依据钢卷的卷号从计划数据库中查找计划和 PDI 信息，查得的数据交给跟踪进程以供后续模型计算使用。

系统不同服务器的写入数据库内容依据各自职能而不同。一般地，粗轧服务器接收到加热炉出炉数据（来料原始信息）后，结合查询数据得到的 PDI 信息和粗轧模型计算的结果数据全部写入数据库中；精轧服务器负责写入钢卷精轧过程中的所有数据；冷却服务器负责写入各个集管的健康状态和钢卷的一些轧制信息，包括轧制时间、轧制长度等。

6.6.3 带钢跟踪

带钢跟踪模块依据轧线上的检测仪表信号可以清楚地明确带钢在轧线上所处的逻辑位置，再依据不同位置触发点使用内核事件来触发相应的任务线程，这是系统的总调度。

6.6.4 系统运行与维护设计

过程控制系统的系统运行与维护通过 RASManager 进程来完成，运行画面如图 6-8 所示。界面上方菜单栏和工具条区域用于整个系统的启动、停止、进程查看重启等操作；右边侧边栏按钮是一些功能按钮，包括实时刷新查看 PLC 和 HMI 通讯变量、模拟来料信号测试等实用功能；中间区域为日志（变量）显示区；下方状态栏指示各个服务器在线状态：绿色表示在线，红色表示离线。

系统日志文件记录着系统中特定事件的相关活动信息，系统日志文件是计算机活动最重要的信息来源，也是轧线故障分析的最直接的手段。

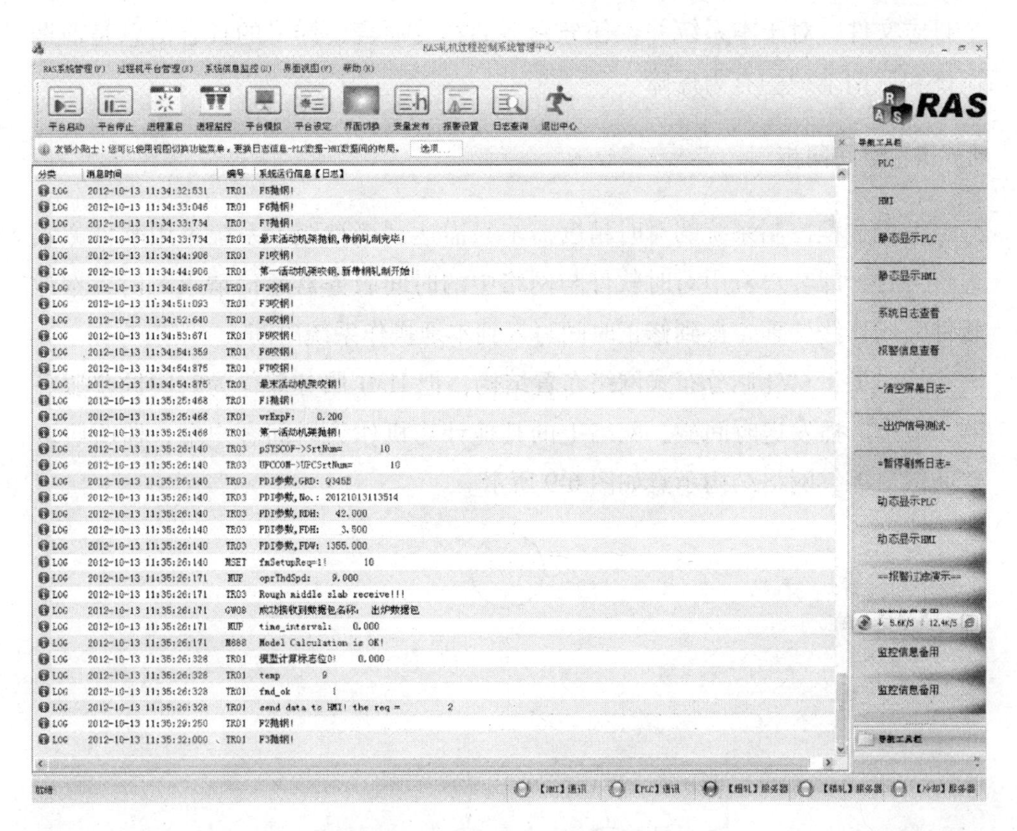

图 6-8 RASManager 运行主界面

日志存储格式和内容如表 6-6 所示，每一条日志信息包括了 5 个部分内容：Category 标识了该条日志的基本属性，分为普通日志（Log）和报警信息（Alarm）两种；Index 标识该条日志的子分类，取值为报警线程所属进程的标志及线程序号；Level 标识日志的级别，普通日志信息标识为“L”，报警级别分为 A ~ D 四个级别，A 级为最高级别；DateTime 标识日志信息的时间，精确到毫秒级；Message 部分为日志详细内容。系统日志文件按天存储，每天一

表 6-6 日志存储格式及说明

字段名称	类型	长度	注　释
Category	char	5	普通日志时为“Log”否则为“ALARM”
Index	char	5	子分类，标识进程名和线程序号（GW，M，TR，DB）
Level	char	2	普通日志为 L，报警级别分为 A-D 四个级别，A 为最高
DateTime	char	24	日志时间
Message	char	100	日志详细内容

个日志文件。对于本系统并发任务繁多的特点而言，详尽的日志信息是前期调试和后期维护的有力保障。

6.6.5 时间同步

考虑过程控制系统的对时精度需求只需达到毫秒级，系统采用软件方式进行对时，即客户机用对时软件与网络中的时间服务器通信请求对时，本地软件完成算法处理，得到修正时间写入到本地操作系统时间。

针对板带材轧制分布式网络布置结构，把 HMI 服务器作为时间同步服务器，负责广播发送时间戳，网络上的其他计算机作为时间客户端，监听收取时间戳广播，网络结构示意如图 6-9 所示。

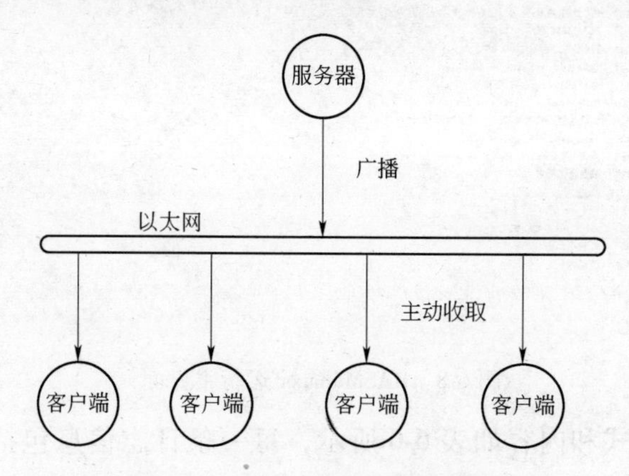

图 6-9 广播模式时间同步网络结构

时间客户端收取服务器发送的广播时间戳后，要依据图 6-10 算法进行设置时间。图中 T_{s1}，T_{s2}，…，T_{sn} 为时间服务器发送时间戳的时刻，T_{c1}，T_{c2}，…，T_{cn} 为时间客户端接收时间戳的时刻，δ_1，δ_2，…，δ_n 为单程传送延时，θ 为时间服务器和客户端之间的时间偏差。服务器按周期向网络中广播时间同步数据包，客户端主动收取，在累积收取 n 次之后得到方程组，周期和次数 n 可以依据不同情况设定不同数值。

$$\begin{cases} T_{c1} = T_{s1} + \theta + \delta_1 \\ T_{c2} = T_{s2} + \theta + \delta_2 \\ \vdots \\ T_{cn} = T_{sn} + \theta + \delta_n \end{cases}$$

且假设所有传送延时都相等：

$$\delta_1 = \delta_2 = \cdots = \delta_n = \delta$$

依据上述公式可以计算出时间总偏差：

$$\theta + \delta = \frac{\sum_{i=1}^{n} (T_{ci} - T_{si})}{n}$$

进而在第 n+1 次时间同步数据包收到后，时间客户端依据上述公式设置本地时间，周期循环此过程，逼近服务器时间。

$$T_{set} = T_{s(n+1)} + \theta + \delta$$

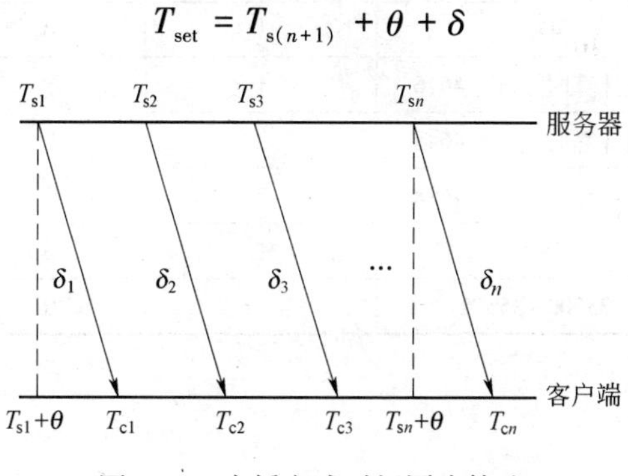

图 6-10　广播方式时间同步算法

6.7　现场应用

RAS 已成功应用于广东揭阳宝山 850mm 热连轧生产线中，过程机服务器使用 HP ProLiant DL 580 G7，操作系统为 Windows Sever 2008；CPU 为 12 核，1.87GHz 主频；内存为 16G；硬盘为 7200r/min 3×147G。各阶段平台运行关键指标如表 6-7 所示，列出了精轧服务器分别在无模型计算阶段、模型预计算阶段和模型自学习计算阶段各进程的 CPU 占用率、内存占用情况、通讯丢包率和事件触发模式线程同步响应速度。其中 CPU 占用率和内存占用率是通过 Windows 任务管理器统计 100 块带钢得到的平台各个进程分别占用 CPU 和内存情况计算平均值得出的；通讯丢包率是使用仿真程序模拟 PLC，与过程机进行通讯仿真，数据包大小为 4K，是正常生产时数据包大小的 2 倍；线程同步响应速度即为线程对事件触发信号的响应速度，采用测量 1000000 次事件触发计算平均值，再对这个均值多次测量取均值为最终结果。

生产线自 2013 年 8 月份正式投产以来，整个过程控制系统非常稳定的工作，各项功能都已实现，过程控制系统的投入率100%，带钢头尾厚度偏差控制在±35μm以内，时间同步功能精度达到±10ms，实现了全自动轧钢。强大的数据中心为工厂产量统计和数据查询提供了全面的支持，多块带钢同时轧制的功能有效提高了产能。

表6-7 RAS各个阶段平台运行关键指标

进 程	内存占用/KB		CPU占用率/%	丢包率/%	响应速度/μs
RASDBServise	13156		1	0	4.373
RASGateWay	5080		1	0	
RASTrack	4728		1	0	
RASModel	无计算时	4616	1	0	
	预计算时	4648	2		
	自学习计算时	4688	2		
RASManager	7920		1	0	
合 计	35500~35572		5%~6%	0	

7 粗轧过程自动化

7.1 粗轧过程机功能概述

在满足粗轧机组设备能力制约条件下，根据初始坯料的钢种、尺寸、温度，给出水平轧机 R 和立辊轧机 E 的辊缝设定值、速度设定值、轧制力设定值以及其他设备（侧导板等）的设定值，生产出满足目标尺寸精度和工艺性能的中间坯。同时，过程自动化系统为基础自动化系统的控制提供最佳设定和控制参数，需要完成模型计算、规程设定、过程监控、数据采集和物料跟踪等功能，在过程机设定计算过程中，以机架秒流量相等的原则，为基础自动化微张力控制设定基准值，实现粗轧机平辊轧机与立辊轧机的微张力轧制。

7.2 过程控制系统架构

过程控制系统架构采用了通讯与模型相分离的两层进程结构，如图 7-1 所示。系统软件设计规划如下。过程机通讯层次关系如图 7-2 所示。

（1）系统由通信进程和模型进程组成；

（2）进程之间通过事件传递消息，通过共享内存传递数据；

（3）通讯进程负责与 PLC 和人机界面通讯，通过可随时修改的标签实现对通讯变量的管理，并可以对接收数据进行实时记录和查看；

（4）通讯进程可以按照设定的通讯变量自动产生与模型进程联系的数据结构，建立与模型进程之间的标准通讯接口，并实现对触发事件的封装；

（5）模型进程中的跟踪调度模块负责对通讯进程传递的事件进行解释处理，协调数据管理模块和过程计算模块的运行，调度进程中的事件。

过程控制系统核心控制进程采用多线程结构设计，多线程环境中的各个模块线程具有独立性，可以实现任务的并发处理，并容易共享进程内资源，简化了数据的规范管理。由通讯模块、跟踪调度模块、数据管理模块、过程模型计算等模块组成；跟踪调度模块为主调线程，其他模块与跟踪调度模块

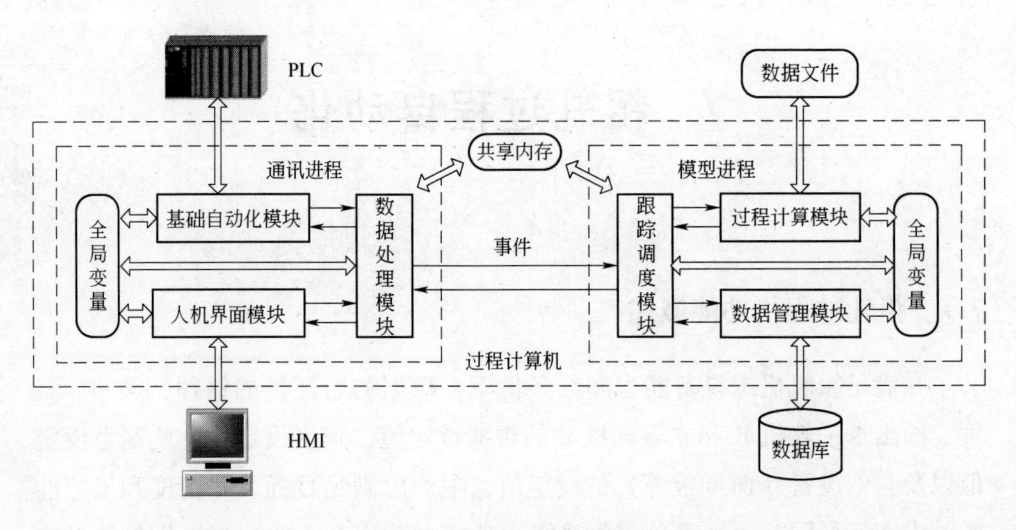

图 7-1　过程控制系统架构

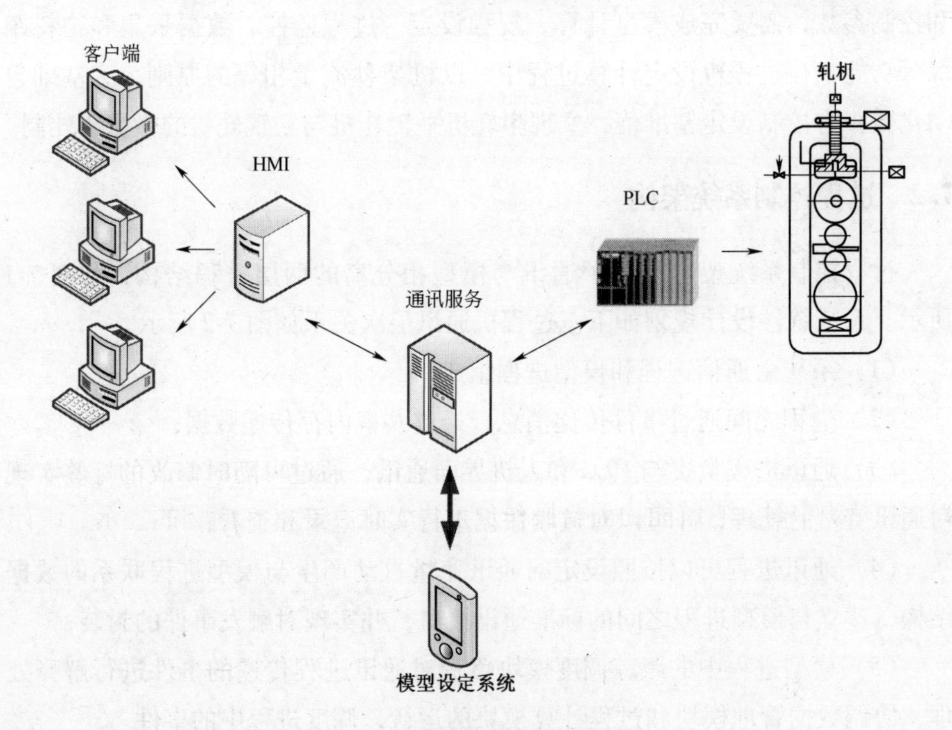

图 7-2　过程机通讯层次关系

进行事件通讯；模块线程间采用全局变量实现数据共享和传递[27~29]；采用自定义消息进行事件触发，实现模块间通讯；使用信号量保证模块间的任务同步。系统软件结构如图 7-3 所示。

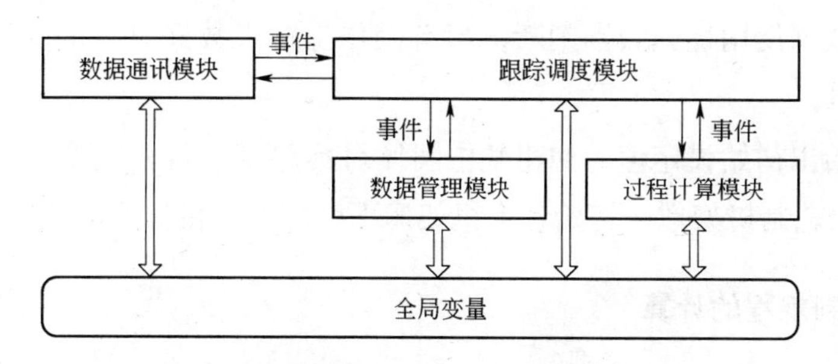

图 7-3 过程控制系统核心功能系统结构

7.3 粗轧过程机设定控制功能

粗轧过程机模型功能如表 7-1 所示。

表 7-1 粗轧过程机模型功能

编号	功 能	启 动 时 刻
1	粗轧设定计算	一次设定：根据出炉触发信号进行粗轧初次设定计算 二次设定：粗轧机组前入口高温计进行粗轧二次设定计算
2	粗轧自学习	得到各机架头部实测数据采集并处理后触发

7.4 粗轧设定计算

根据初始数据确定粗轧区的厚度、宽度压下规程，并使用轧制模型计算出各种轧制相关工艺数据（温度、轧制力、功率等），检查这些数据是否超过了设备能力的限制，对超限的情况进行处理，最后依据最终的厚度/宽度压下规程计算各种设备（轧机、侧导板、除鳞机等等）的设定值[30~33]。当板坯尚在加热炉中时，它就能提前给操作员发出设定存在潜在问题的提示，该计算还给轧制节奏控制提供信息。

设定计算主要功能包括以下几种。

7.4.1 输入处理

从其他相关模块获得模块计算值、轧制计划、操作工干预值、实际测量值等轧制规程计算所必需的数据，并作相应处理，以用于下一步的轧制规程计算。输入处理主要包括：

（1）对实际数据和操作工输入数据进行限度检查，防止计算异常；

（2）数据使用优先级别判断，当有操作工输入数据时，将首先使用操作工输入数据；

（3）给出初始设定值，如粗轧中间坯目标厚度、目标宽度，中间坯长度检查，初始轧制机架数，初始各个机架压下分配率，机架前后除鳞设置等。

7.4.2 轧制规程的计算

首先根据轧制节奏控制计算得到带钢在粗轧机组各关键点的时间，然后应用温度模型计算带钢在轧制过程中的温度变化（传导热、变形热、摩擦热、水冷温降、空冷温降）。计算中先给出一个各机架出口板厚和板宽初始值，用变形抗力模型、轧制力模型、轧制力矩模型、电机功率模型、前滑率模型等基于轧制理论的数学模型，计算出水平/立辊的轧制力、轧制力矩、轧制功率等工艺参数，但所得负荷分配比不满足目标分配比时，修正初始的厚度规程或宽度压下规程[23~26]。最后对初始对轧制力、轧制力力矩、电机功率进行限值检查，若存在超限，则对目标分配比进行修正。

7.4.3 设定值的计算

通过上述计算，最终确定粗轧机组轧制规程的所有设定值。包括：

（1）轧件形状：各机架前后轧件的厚度、宽度、长度预测值；

（2）速度制度：咬钢速度、轧制速度、抛钢速度、前滑等；

（3）辊缝及开口度：水平辊辊缝、立辊辊缝、侧导板开度；

（4）测宽仪给定值；

（5）AWC 塑性系数和短行程曲线；

（6）除鳞箱设定参数；

（7）立辊压下量；

（8）辊道设定参数。

7.5 粗轧自学习

在粗轧出口获得实测数据后启动粗轧自学习，自学习的对象包括水平/立辊机架轧制力、轧制功率，粗轧出口温度，粗轧出口宽度。

自学习功能从其他相关模块获得模块计算值、轧制计划、操作工干预值、实际测量值等自学习所必需的数据并作相应处理，用于学习系数的计算。

实际测量数据处理如下：周期收集十个采样数据。在各自学习功能中，从十个采样数据中选择出常态连续数据，而后除去最大最小值之后，取余下值的算数平均值作为实测值，用于自学习系数的计算。

7.6 粗轧过程机数据流

粗轧过程机数据流，如图 7-4 所示。

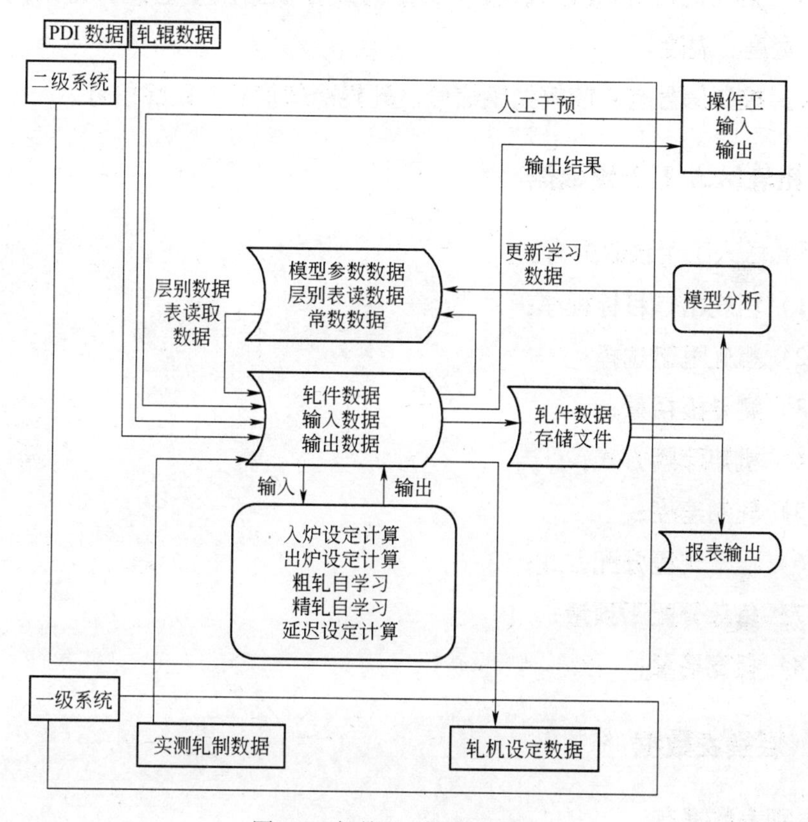

图 7-4 粗轧过程机数据流图

7.7 PDI 数据

PDI 数据包含将板坯加工成板带所必需的所有数据。在每块板坯进入粗轧区之前，过程自动化接收它的原始数据。例如，原始数据包括：板坯 ID、钢种、板坯尺寸和重量、板坯化学成分、目标值及要求、公差要求。

粗轧过程计算机 PDI 也可以直接由轧机 HMI 输入。

7.8 粗轧区实测数据

(1) 从板坯过来的测量值或从其他系统接收来的数值有：厚度、宽度、温度、长度。

(2) 从机架中得来的测量值（水平轧机和立辊轧机）有：轧制力、电流、辊缝、速度。

(3) 粗轧机后得来的测量值（测量的或者根据测量值计算得来的）有：厚度、宽度、温度。

(4) 控制信号有：咬钢抛钢信号、轧辊冷却信号、跟踪信号。

7.9 粗轧区人工干预数据

粗轧区人工干预数据有：

(1) 粗轧出口目标板厚；

(2) 粗轧甩架选择；

(3) 侧导板裕量；

(4) 机架除鳞方式；

(5) 轧制速度；

(6) 压下规程分配方式；

(7) 负荷分配干预量；

(8) 板宽裕量。

7.10 层别表数据

层别表数据有：

(1) 粗轧出口目标板厚：钢种、卷厚、卷宽；

(2) 侧导板裕量：钢种、卷厚、卷宽；

(3) 机架除鳞方式：钢种、卷厚、卷宽；

(4) 轧制速度：钢种、卷厚、卷宽；

(5) 分配比裕量：钢种、卷厚、卷宽；

(6) 板宽余量：钢种、卷厚、卷宽。

7.11 压下规程分配和模型说明

7.11.1 负荷分配算法

粗轧负荷分配可采用压下量、轧制力、轧制功率三种分配模式，通过离线优化设定获得各种分配比并存储于层别表中，在线计算时由初始数据索引获取。

在线应用时，如采用压下量模式，无须对初始厚度/宽度压下规程进行修正，若采用另外两种模式，则需要根据不同的轧制温度、轧机情况循环计算修正厚度/宽度压下规程以维持该给定的负荷分配比，也可通过操作工灵活指定分配比[4~7]。

具体规程设定包括两部分，即“水平轧机压下规程”与“立辊轧机压下规程”，二者相互影响，总的规程由反复各种规程计算得出。

7.11.2 轧制力模型

轧制力模型是精轧数学模型的核心。轧制力是轧制过程中一个非常活跃的因素，直接影响带钢的厚度及轧辊变形，从而对板形造成影响，直接影响产品的质量。它受许多因素的影响例如变形抗力、压下量、外部摩擦、带钢张力等。早在1943年奥罗万通过对板材的轧制过程的研究，推导了轧制力计算理论公式。但由于奥罗万的理论公式非常复杂，难以用于实际的生产过程中，因此，人们在其基础上推出了许多简化的实用轧制力模型。完整的轧制力模型包括变形抗力模型，轧辊压扁模型及轧制力计算模型[16~19]。

粗轧轧制过程近似于平面变形轧制，因此可采用热轧轧制力计算的典型公式——西姆斯公式：

$$F = 1.15 \times W \times \sqrt{R'\Delta h} \times Q_p \times \sigma$$

式中 W——轧件宽度；

R'——考虑弹性压扁的轧辊半径；

Δh——压下量；

Q_p——变形区形状影响函数；

σ——平均变形抗力。

(1) 轧辊压扁半径的影响。由于轧辊表面受到轧制力的作用而产生压扁，使得接触弧长度加大，导致轧制力增加。其变化量一般在2%~3%左右，所以必须在计算轧制力时必须考虑轧辊压扁的影响。计算弹性压扁时，采用Hitchcock 公式的简化形式。

(2) 变形区应力状态函数为：

$$Q_{\mathrm{p}} = 0.8049 + 0.2488\frac{l_{\mathrm{c}}}{h_{\mathrm{c}}} + 0.0393 \cdot \frac{l_{\mathrm{c}}}{h_{\mathrm{c}}} \cdot \varepsilon - 0.3393 \cdot \varepsilon + 0.0732 \cdot \frac{l_{\mathrm{c}}}{h_{\mathrm{c}}} \cdot \varepsilon^2$$

其中，$\varepsilon = \dfrac{H-h}{H}$，$l_{\mathrm{c}} = \sqrt{R' \cdot \Delta h}$，$h_{\mathrm{c}} = \dfrac{H+h}{2}$。

(3) 变形抗力函数。变形抗力是轧制力计算公式中的一个重要的物理参数，其大小不仅与金属的化学成分有关，而且还取决于塑性变形的物理条件，如变形温度、变形速度和变形程度。一般的变形抗力计算模型为：

$$\sigma = \left\{b_{k0} + \sum_{i=1}^{9}(b_{ki}\rho_i)\right\}\exp\left[a_{k0} + a_{k1}\rho_{\mathrm{c}} + a_{k2}\frac{1}{T_k}\right]\varepsilon^{a_{k3}}u^{a_{k4}}$$

式中 ρ_i——化学成分含量；

ρ_c——含碳量；

T_k——钢板温度；

b_{ki}——各成分项系数；

a_{ki}——模型参数。

7.11.3 宽展模型

板坯的宽展是指在立辊和水平轧机轧制后其宽度的变化量。它的计算与轧制前后板坯的厚度、轧机的开口度、轧制温度、各机架的补偿系数和自学习系数有关，且是非线性的关系。

$$W_{\mathrm{OUT}} = C_{\mathrm{W}}\Big[W' + a_{\mathrm{w1}}S_{\mathrm{ES}} + a_{\mathrm{w2}}S_{\mathrm{ES}}{}^2 + a_{\mathrm{w3}}TS_{\mathrm{ES}} + a_{\mathrm{w4}}\frac{W_{\mathrm{IN}}S_{\mathrm{ES}}}{H} + a_{\mathrm{w5}}(H-h) + a_{\mathrm{w6}}T(H-h) + a_{\mathrm{w7}}W'(H-h) + B_{\mathrm{W}}\Big]$$

式中 a_{wi}——宽展模型系数；

W_{IN}——立辊入侧板宽；

W_{OUT}——水平轧机出侧板宽；

H，h——水平轧机入、出口侧板厚；

S_{ES}——立辊宽度压下量，$S_{ES} = W' - S_E$；

S_E——立辊开口度；

T——轧制温度；

B_W——各机架补偿系数；

C_W——宽展模型学习系数。

7.11.4 温度模型

7.11.4.1 空冷过程

粗轧阶段轧件传送时内部热量损失为

$$\Delta Q = -BhI\gamma C\Delta t$$

则

$$dQ = -Bhl\gamma C dt$$

式中 B，h，l——轧件的宽度、厚度、长度，m；

Δt——温度变化值，温降时为负值，℃。

热量损失主要是因为：

（1）空气对流引起的热量损失 ΔQ_c

采用牛顿公式计算

$$\Delta Q_c = a(t - t_A)F\Delta\tau$$

式中 a——对流传热系数，W/(m^2 · K)；

t——带钢温度，℃；

t_A——周围空气温度，℃；

F——散热面积，m^2；

$\Delta\tau$——散热时间，s。

（2）热辐射引起的热量损失 ΔQ_ε（由于 $t \gg t_A$，忽略 t_A 项）。

按照斯蒂芬-玻耳兹曼（Stefan-Boltzmann）定律，辐射热量损失与绝对温度的4次方成正比，即

$$\Delta Q_\varepsilon = \varepsilon\sigma(t + 273)^4 F\Delta\tau$$

则 $$dQ_{\varepsilon}=\varepsilon\sigma(t+273)^{4}Fd\tau$$

式中 ε——辐射率，又称黑度；

σ——斯蒂芬-玻耳兹曼常量，其值为 $5.67\times10^{-8}\mathrm{W/(m^{2}\cdot K^{4})}$。

由于影响空气对流传热系数的因素众多，难以确定，而粗轧阶段轧件温度较高，辐射热量损失远远超过对流，因此只考虑辐射损失，而把其他影响都包含在辐射率 ε 中。

ε 与氧化铁皮、表面温度及表面的粗糙度有关，一般利用现场实际测量温度数据统计得出，轧件的 ε 在粗轧阶段约从 0.8 下降到 0.6。

由 $dQ=dQ_{\varepsilon}$

$$-Bhl\gamma C\mathrm{d}t=\varepsilon\sigma(t+273)^{4}F\mathrm{d}\tau$$

又

$$F=2\ (Bl+Bh+lh)$$

得

$$\frac{\mathrm{d}t}{(t+273)^{4}}=-\frac{2\varepsilon\sigma}{\gamma C}\left(\frac{1}{B}+\frac{1}{l}+\frac{1}{h}\right)\mathrm{d}\tau$$

在某一空冷段，假定比热容 C、比重 γ、辐射率 ε 的取值与温度无关，等式两边积分得

$$\int_{t}^{+\Delta t}\frac{\mathrm{d}t}{(t+273)^{4}}=\int_{0}^{\Delta\tau}\frac{-2\varepsilon\sigma}{\gamma C}\left(\frac{1}{B}+\frac{1}{l}+\frac{1}{h}\right)\mathrm{d}\tau$$

则 $$\Rightarrow(t+273)^{-3}-(t+\Delta t+273)^{-3}=-\frac{6\varepsilon\sigma\Delta\tau}{\gamma C}\left(\frac{1}{B}+\frac{1}{l}+\frac{1}{h}\right)$$

得空冷温度变化模型为

$$\Delta t=\left[(t+273)^{-3}+\frac{6\varepsilon\sigma\Delta\tau}{\gamma C}\left(\frac{1}{B}+\frac{1}{l}+\frac{1}{h}\right)\right]^{-1/3}-(t+273)$$

式中 $\Delta\tau$——空冷时间，可根据辊道速度、辊道加减速度、传送距离等使用牛顿运动定律计算，s。

当粗轧出口温度计算值与目标值的偏差过大时，需要利用空冷温度模型计算 R_2 最后道次前的摆钢时间

$$\Delta\tau=\frac{\gamma C[(t+273)^{-3}-(t+273-\Delta t)^{-3}]}{6\varepsilon\sigma\left(\frac{1}{B}+\frac{1}{l}+\frac{1}{h}\right)}$$

式中 t——摆钢起始温度,℃;

Δt——摆钢目标温降,℃。

7.11.4.2 水冷过程

板坯出炉后经高压水箱除鳞以及机架喷水除鳞时，水流与轧件表面接触使轧件产生温降，属强迫对流过程，其热交换量不仅与轧件的温度和热物理性能有关，还和除鳞水的温度、流速、水压等有关，机理复杂，为便于计算，使用牛顿公式表示除鳞前后轧件热量变化为

$$\Delta Q_r = \alpha_H(t - t_w)F\Delta\tau$$

式中 α_H——对流换热系数，通过现场实验方法确定，W/(m^2·K)；

t_w——除鳞水温度,℃;

$\Delta\tau$——轧件某点通过除鳞箱的时间，s。

根据热量平衡有

$$\alpha_H(t - t_w)F\Delta\tau = -BhlC\Delta t$$

又

$$F = 2Bl$$

$$\Delta\tau = \frac{l_H}{\nu}$$

得水冷温度变化模型为

$$\Delta t = \frac{-2\alpha_H(t - t_w)}{\gamma Ch}\Delta\tau$$

式中 l_H——高压水除鳞段长度，m;

ν——轧件在该段的传送速度，m/s。

7.11.4.3 接触传热

在轧制过程中，热量由温度较高的轧件流向温度较低的轧辊，使得轧件温度降低。将轧件及轧辊作为半无限体，忽略轧件与轧辊之间的热阻，求得温度解析结果，再乘以小于1的补偿系数[107]，得出轧件温降 Δt_C 的解析模型

$$\Delta t_C = \frac{4\beta(t - t_R)}{h_c}\sqrt{\frac{\lambda}{C\gamma\pi}\frac{l'_c}{\nu}}$$

式中 β——轧件与轧辊热传导效率，一般为0.48~0.55;

t_R——轧辊温度,℃;

l_c'——压扁接触弧长，m;

v——轧制速度，m/s;

h_c——轧件平均厚度，$h_c = (H+2h)/3$，m。

7.11.4.4 塑性变形热

轧制塑性变形功为

$$Q_H = \bar{p}V\ln\frac{H}{h}$$

式中 $\bar{p}$——平均单位压力，Pa;

V——轧件体积，m^3。

根据热量平衡，得温度变化 Δt_H 为

$$\Delta t_H = \frac{\bar{p}\ln\frac{H}{h}}{\gamma C}\eta$$

式中 η——塑性变形功转为轧件发热的百分比。

7.11.4.5 摩擦生成热

根据能量守恒定律，轧制时轧辊所作的功将转变为塑性变形功与摩擦生成热，摩擦热使轧件温度变化为

$$\Delta t_f = \frac{N - hBv\bar{p}\ln\frac{H}{h}}{hBv\gamma_S C_S}\beta$$

$$\beta = \frac{\frac{\lambda_R}{\sqrt{\kappa_R}}}{\frac{\lambda_S}{\sqrt{\kappa_S}} + \frac{\lambda_R}{\sqrt{\kappa_R}}}$$

$$\kappa_R = \frac{\lambda_R}{\gamma_R C_R},\ \kappa_S = \frac{\lambda_S}{\gamma_S C_S}$$

式中 N——轧制功率（计算值），W；

β——轧件和轧辊的摩擦热分配系数；

ν——轧制出口速度，m/s；

λ_S，λ_R，γ_S，γ_R，C_S，C_R——轧件和轧辊的热传导率、密度、比热容。

7.11.5 轧制力自学习

平立辊的轧制力、力矩、功率学习方法相似，如下：

$$C_I = C_0 \cdot X_{ACT}/X_{SET}$$

$$C_N = \alpha C_I + (1-\alpha) \cdot C_0$$

式中 C_0——学习系数旧值。

C_I——学习系数瞬时值；

C_N——学习系数更新值；

X_{ACT}——实际值；

X_{SET}——设定值；

α——平滑系数。

7.11.6 宽度自学习

（1）粗轧出口宽度自学习模型

$$\Delta W = W_{R1O} - W_{R1I}$$

$$\Delta W_N = \alpha_W \cdot \Delta W + (1-\alpha_W) \cdot \Delta W_0$$

式中 W_{R1O}——粗轧机组出侧板宽实际值；

W_{R1I}——粗轧机组入侧设定板宽；

ΔW——粗轧机组宽展量计算值；

ΔW_0——粗轧机组宽展量旧值；

ΔW_N——粗轧机组宽展量更新值；

α_W——平滑系数。

（2）精轧出口宽度自学习模型

用精轧出口板宽实测值 W_F 和粗轧机组板宽实测值 W_{R2} 计算精轧宽展量学习值。

$$\Delta WF = W_{R1} - W_F$$

$$\Delta WF_N = \alpha_{WF} \cdot \Delta WF + (1 - \alpha_{WF}) \cdot \Delta WF_0$$

式中 ΔWF ——精轧宽展量瞬时值；

ΔWF_N ——精轧宽展量更新值；

ΔWF_0 ——精轧宽展量旧值；

α_{WF} ——平滑系数。

7.11.7 温度自学习

实测粗轧出口温度 T_{R1D} ，出钢温度 T_{EXT} ，则实际粗轧区温降为：

$$\Delta T^* = T_{EXT} - T_{R1D}$$

从出钢完成到粗轧出口温度计，发生的加热和冷却现象用水冷、空冷温度模型及加工发热、摩擦发热、辊传导模型进行计算，计算得到总的冷却量为 ΔT ，按下式更新学习系数：

$$T = T_0 \cdot \Delta T^* / \Delta T$$

$$T_N = \alpha_T \cdot T + (1 - \alpha_T) \cdot T_0$$

式中 T ——学习系数瞬时值；

T_N ——学习系数更新值；

T_0 ——学习系数旧值；

α_T ——平滑系数。

8 精轧过程自动化控制功能

8.1 精轧过程机功能构成

精轧过程设定系统（FSU）主要由精轧模型设定计算和模型自学习计算两个子系统构成。各子系统的主要功能如表 8-1 所示。

表 8-1 精轧过程机功能构成

序号	子系统	主要任务
1	模型设定计算	依据初始及最终压下规程计算轧制过程的各种物理参数，进行迭代计算以达到目标负荷分配比；依据各机架出口厚度计算设定基准值
2	模型自学习计算	自学习模块通过自学习计算，用于设定计算，使设定值更接近实际值

8.2 精轧过程控制系统触发时序

在轧件整个轧制过程中，精轧过程设定模型系统被触发多次。精轧模型设定计算及自学习计算的触发时序如表 8-2 所示。

表 8-2 精轧过程设定系统触发时序

序号	子系统	触发时序	主要功能
1	模型设定计算	0st 设定：带钢头部到达粗轧第一活动机架； 1st 设定：带钢由粗轧最后活动机架抛钢； 2nd 设定：带钢头部到达精轧入口测温仪； 模拟轧制：操作工手动触发	分别根据 PDI 参数、粗轧出口温度实测值、精轧入口温度实测值进行模型设定计算
2	模型自学习计算	带钢头部到达精轧出口，实测数据采集完毕后触发	更新模型相应学习系数

图 8-1 给出了实际控制过程中的，控制系统触发时序。

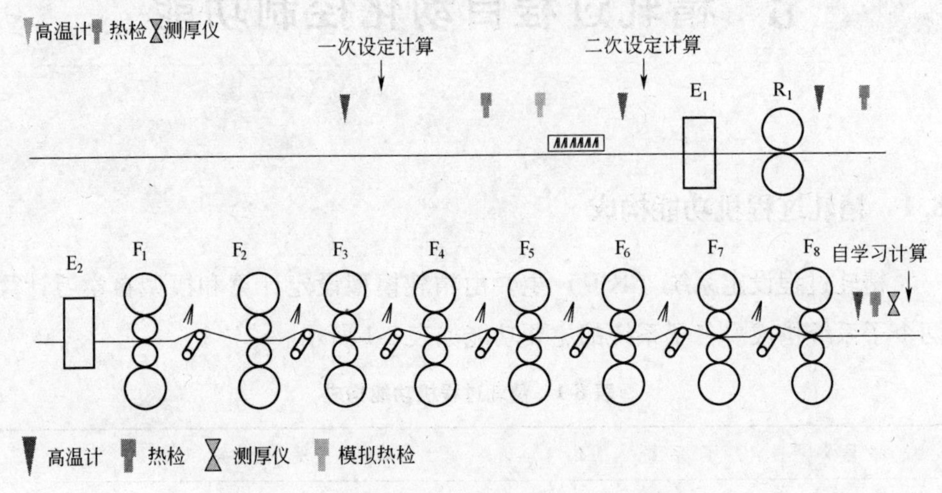

图 8-1 精轧过程设定系统触发时序示意图

8.3 精轧过程控制系统数据流图

精轧过程机设定计算过程伴随着大量的数据输入和输出操作，精轧过程设定系统的数据流图如图 8-2 所示。

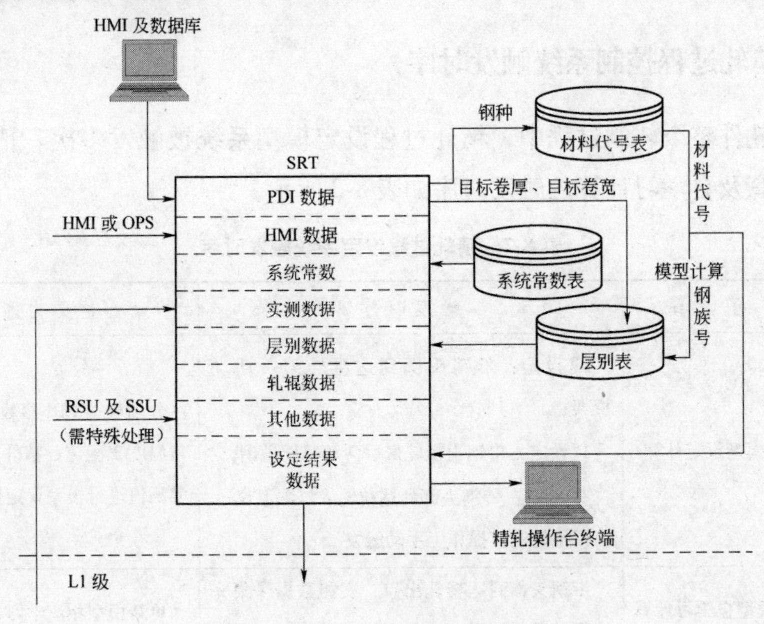

图 8-2 精轧过程设定系统数据流图

轧制过程数学模型一般都是非线性模型，其计算精度取决于数学模型的非线性拟合程度。采用层别划分在某种意义上降低了模型的非线性程度，可以大幅度提高数学模型的计算精度。传统的层别划分方法是按碳当量、目标卷厚和卷宽来将模型参数分类。对于每个钢种我们都指定了一个材料代号，模型根据材料代号自动确定一个钢族号，然后根据钢族号、目标卷厚和卷宽来划分层别。

精轧过程设定通讯系统根据钢种代码读取数据库中的材料代号表，根据材料代号自动确定钢族号，用于层别的判断。此外精轧过程机模型系统根据材料代号及材料温度采用线性插值的方法来确定材料的比热容、密度和热传导率等材料物理参数。

8.4 精轧模型设定计算

精轧模型设定计算是精轧过程设定系统的核心，根据基于轧制理论的数学模型或经验统计模型，确定精轧机和其他精轧设备的基准值，计算精轧区各物理量，以满足精轧成品目标宽度、厚度等要求。

精轧模型设定计算流程图如图8-3所示。

精轧模型设定计算主要包括模型计算预处理、压下规程的计算、确保头部厚度功能、轧机极限检查和基准值的确定几部分。

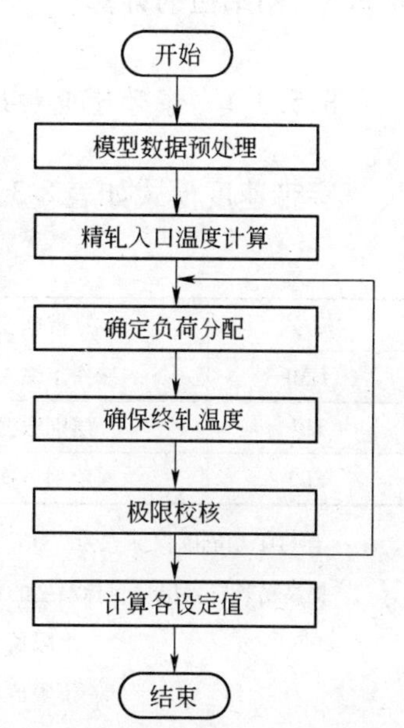

图8-3 精轧模型设定计算流程图

8.5 模型数据预处理

模型数据预处理是从轧件轧制数据共享区获取设定所需数据，并进行处理计算。

8.5.1 输入数据

精轧模型设定计算的输入数据划分如下：

原始数据：钢卷号，钢种，目标厚度，目标宽度，目标温度等；

系统常数：设备数据等；

层别数据：极限值，材料性能数据等；

实际数据：测量温度，轧件测量尺寸等；

操作工输入数据：操作工干预模式或干预值等；

计算数据：其他部分计算的数据（如粗轧过程机设定计算数据等）。

8.5.2 数据有效性检验

操作工的输入数据及实际数据要经过极限的检验，在有效的情况下才能投入计算，以保证设定的准确性。操作工可以通过精轧控制台 HMI 界面或操作手柄两种方式对精轧过程机进行干预。

8.5.3 初始值的计算

8.5.3.1 穿带速度初始值

穿带速度模式如表 8-3 所示。

表 8-3 初始穿带速度表

模式	穿带速度	穿带速度修正标志	极 限
HMI	操作工输入值	OFF	—
TBL	层别数据	OFF	—
FDT	层别数据	ON	上/下限

注：当 FDT 功能确保标志为"ON"时，FDT 确保功能有权在穿带速度上下限范围内修改穿带速度，以提高精轧机组出口目标温度的命中率。其中穿带速度上下限由下式决定：

上限值＝初始穿带速度×（1+穿带速度上限率）

下限值＝初始穿带速度×（1−穿带速度下限率）

目前，为保证轧制节奏，根据现场实际状况，穿带速度初始值由操作工在 HMI 画面上直接干预。

8.5.3.2 轧件初始厚度

精轧区轧件厚度如表 8-4 所示。

8.5.3.3 目标负荷分配比

在层别文件里有两种负荷分配率，可依据负荷分配模式（压下量模式和轧制力模式）进行选择。目前现场实际使用的为压下负荷分配模式，综合考虑层别文件里的标准负荷分配率及操作工修正值，获得目标分配比。

表 8-4 精轧区轧件厚度表

序号	类 型	计 算 方 法
1	精轧机组入口厚度	RSU 目标厚度（利用 FET 转换为热尺）
2	各机架出口厚度	根据给定的负荷分配系数计算
3	精轧机组出口厚度	PDI 目标厚度或操作工干预值（利用 FDT 转换为热尺）

$$Apw_{\mathrm{Cal}}(i) = \frac{Apw_{\mathrm{Lay}}(i) + Apw_{\mathrm{Mmi}}(i)}{\sum [Apw_{\mathrm{Lay}}(i) + Apw_{\mathrm{Mmi}}(i)]}$$

式中 $Apw_{\mathrm{Cal}}(i)$——第 i 机架目标分配比；

$Apw_{\mathrm{Lay}}(i)$——第 i 机架初始目标分配比（层别索引数据）；

$Apw_{\mathrm{Mmi}}(i)$——第 i 机架目标分配比修正值（操作工干预值）。

8.5.3.4 轧件宽度

轧制时轧件的平均宽度按下式计算：

$$Fw_{\mathrm{Cal}} = Rdw_{\mathrm{Act}} \cdot \left[1 + 0.0000143 \cdot \left\{\left(\frac{Fet_{\mathrm{Pri}} + Fdt_{\mathrm{Pri}}}{2}\right) - Rdt_{\mathrm{Pri}}\right\}\right]$$

式中 Fw_{Cal}——精轧时轧件的平均宽度，mm；

Rdw_{Act}——粗轧出口宽度，mm；

Fet_{Pri}——精轧区入口温度，℃；

Fdt_{Pri}——精轧区出口温度，℃；

Rdt_{Pri}——粗轧区出口温度，℃。

8.5.3.5 各种允许值

用额定值或最大值乘以富余率获得功率，轧制力，转速的允许值。各种允许值见表 8-5。

表 8-5 允许值表

类 型	电机功率	轧制力	轧辊转速
额定值	额定功率	最大轧制力	最大转速
富余率	功率过载率	轧制力富余率	转速富余率

8.5.3.6 确保功能标志

各种确保功能标志如表 8-6 所示。

表 8-6 功能确保标志表

功 能	FET	FDT	目标分配比
初 始 值	层别数据	层别数据	层别数据

8.5.4 确保精轧入口温度

利用运动学相关公式计算的轧件从粗轧出口到精轧入口的运行时间或轧件实际运行时间（2s 设定计算）来计算精轧的入口温度。计算精轧入口温度预报值，进而触发设定计算，目的是当精轧入口检测仪表异常，不能够触发最后一次设定时的情况，为程序增加保护功能。

利用运动学相关公式计算的轧件从粗轧出口到精轧入口的运行时间或轧件实际运行时间（2s 设定计算）来计算精轧的入口温度。FET 计算流程如图 8-4 所示。

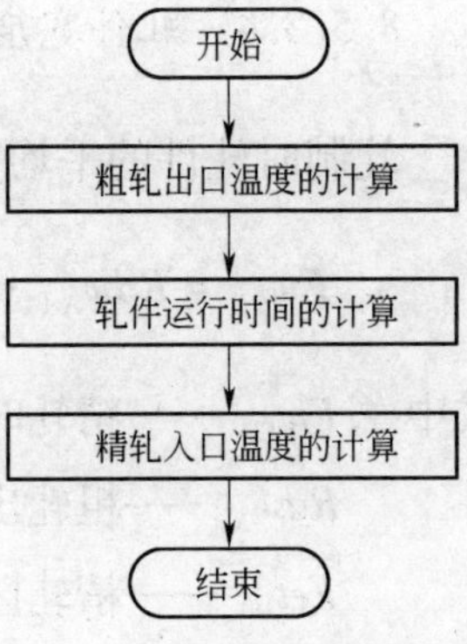

开始
粗轧出口温度的计算
轧件运行时间的计算
精轧入口温度的计算
结束

图 8-4 确保 FET 功能流程图

在粗轧出口 RT_2 处测量的是粗轧出口轧件的表面温度，需要将其转换为轧件的平均温度用以计算 FET，RDT 的平均值按下式计算：

$$Rdt_{\mathrm{Cal}} = Rdt_{\mathrm{Act}} + Arh_{\mathrm{Con}} + \alpha_{\mathrm{RDT}} \cdot \frac{q \cdot Rdh_{\mathrm{Mod}}}{6 \cdot Ram_{\mathrm{Con}}}$$

式中 $q = Ep_{\mathrm{Con}} \cdot Sig_{\mathrm{Con}} \cdot (Rdt_{\mathrm{Act}} + Arh_{\mathrm{Con}} + 273)^4$；

Rdt_{Cal}——粗轧出口平均温度，℃；

Rdt_{Act}——粗轧出口表面实测温度，℃；

Arh_{Con}——RDT Re-Heat Bias，℃；

α_{RDT}——温度敏感度增益，$\alpha_{\mathrm{RDT}} = 0.5$；

Rdh_{Mod}——粗轧出口厚度，mm；

Ram_{Con}——热传导率，kJ/(m · h · ℃)；

Ep_{Con}——辐射率；

Sig_{Con}——斯蒂芬-玻耳兹曼常数。

一旦 FT_0 为 ON（2s 设定计算），从 RT_2 到 FT_0 就有了实测时间。但是，在其他条件下，运行时间是按图 8-5 计算的。

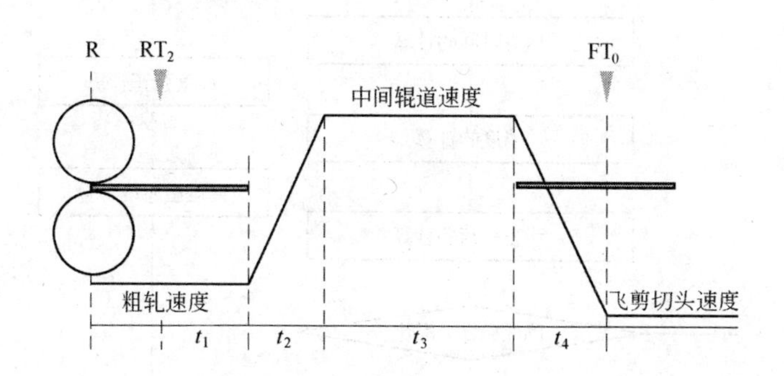

图 8-5　轧件运行时间计算示意图

8.5.5　确定负荷分配

压下规程的计算，是精轧设定计算的核心内容，按给定的负荷（压下量、轧制力或功率）分配率将精轧机组总压下量分配给各个机架，确定各机架出口带钢厚度，并计算每一机架轧制速度，轧制温度以及轧制力、轧制力矩、电机功率等轧制过程力能参数。本系统提供了两种压下规程计算模式：压下量模式和轧制力模式[8~12]。在生产过程中，操作工可对目标负荷分配系数进行干预，也可以切换压下规程计算模式。压下规程计算流程如图 8-6 所示。

8.5.6　轧制方式的计算

每一机架根据带钢厚度计算以下的参量（$F_1 \sim F_8$）：

（1）压下率的计算：

计算公式如下

$$Rr_{\mathrm{Cal}} = \frac{H_{\mathrm{Cal}}(i-1) - H_{\mathrm{Cal}}(i)}{H_{\mathrm{Cal}}(i-1)}$$

式中　$H_{\mathrm{Cal}}(i)$——第 i 机架出口厚度，mm；

Rr_{Cal}——第 i 机架的压下率。

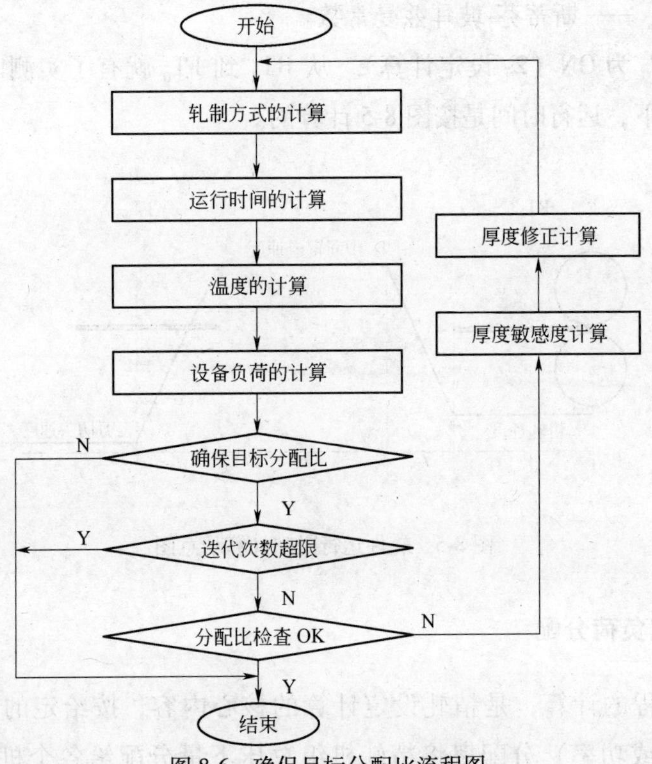

图 8-6 确保目标分配比流程图

(2) 前滑的计算：

在已知水平辊轧制速度 V_R 的情况下，可根据秒流量相等的原则设定立辊轧制速度 V_E，故需要计算水平辊轧制的前滑，使用芬克（Fink）前滑公式，即：

$$f = \frac{(1-\cos\gamma)(2R\cos\gamma - 1)}{h}$$

$$V_E = \frac{hV_R(1+f)}{H}$$

式中 γ——中性角，rad。

(3) 轧辊转速的计算：

根据初始穿带速度及前滑计算每一机架轧辊转速。当轧辊转速计算值大于最大允许值时，轧辊转速取最大允许值。

8.6 运行时间的计算

轧件从 FT_0 到 FT_7 要进行表 8-7 的运算。

表 8-7 计算项目表

项 目	内 容	单 位
各机架出口速度	轧件在各机架出口侧的速度	m/s
轧制速度	中性面处轧件的速度	m/s
时差	轧件通过不同冷却区的时间	s

备注：FT_0 ON 时，$t_0=0$：t_i 按如下区域计算：

FT_0 ~ FT_{11} 间冷却区的划分如图 8-7 所示。

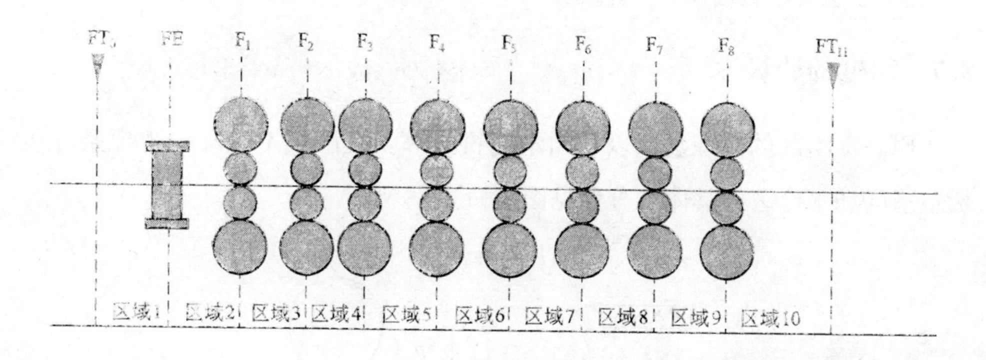

图 8-7 精轧区冷却段划分示意图

区域 1 参照图 8-8 进行计算。

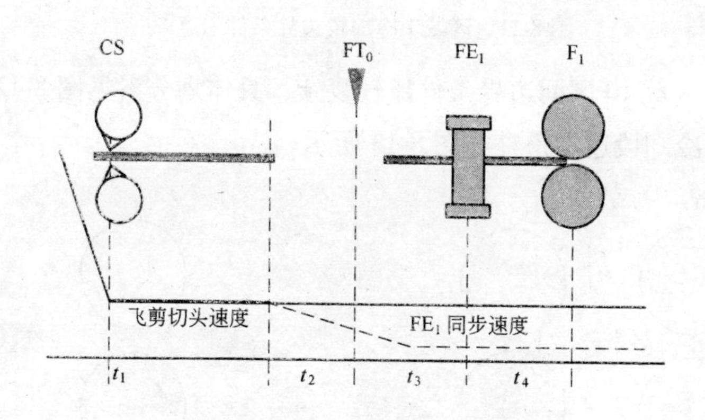

图 8-8 区域 1 冷却段计算示意图

区域 2～10、区域 11 运行时间表计算如图 8-9、图 8-10 所示。

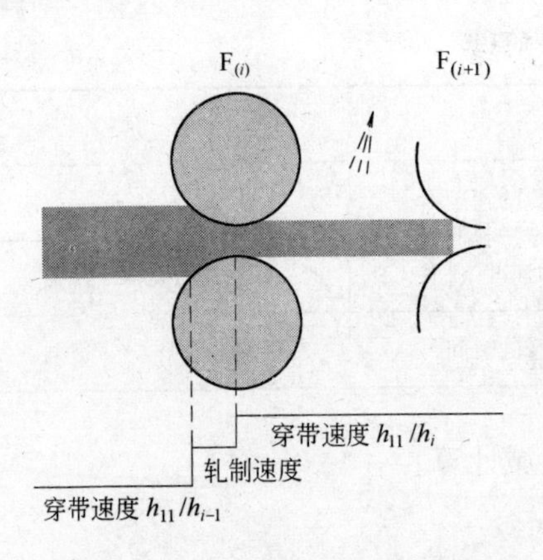

图 8-9　区域 2~区域 10 计算示意图

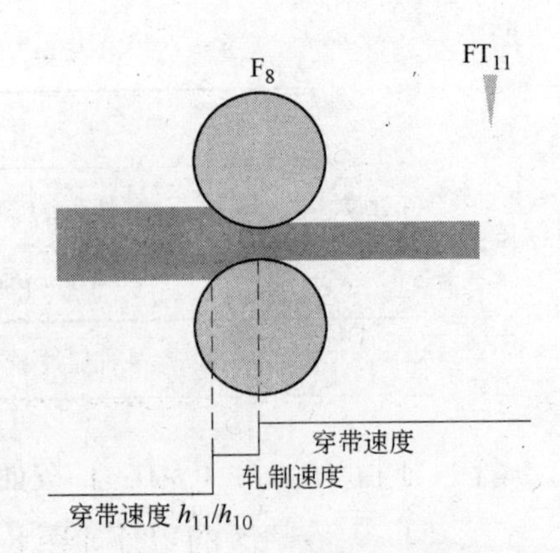

图 8-10　区域 11 计算示意图

8.7　温度的计算

$FT_0 \sim FT_{11}$区的温降参照以下图示进行计算。在区域 1 冷却段边界条件包括空冷区和水冷区，具体划分参见图 8-11。

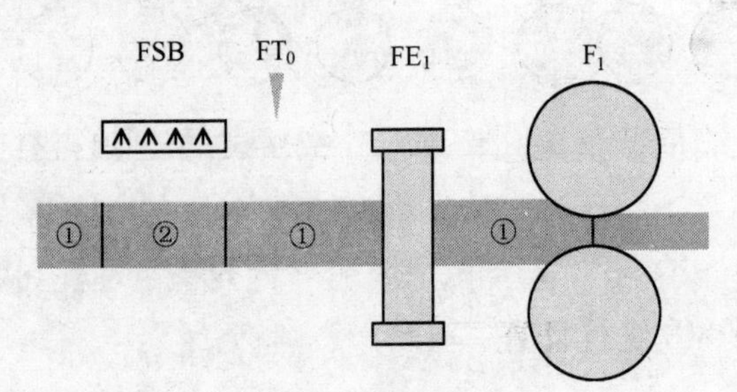

图 8-11　区域 1 冷却段边界条件示意图

区域 2~区域 10 区间边界条件比较复杂，具体划分参见图 8-12。

区域 11 冷却段边界条件如图 8-13 所示。

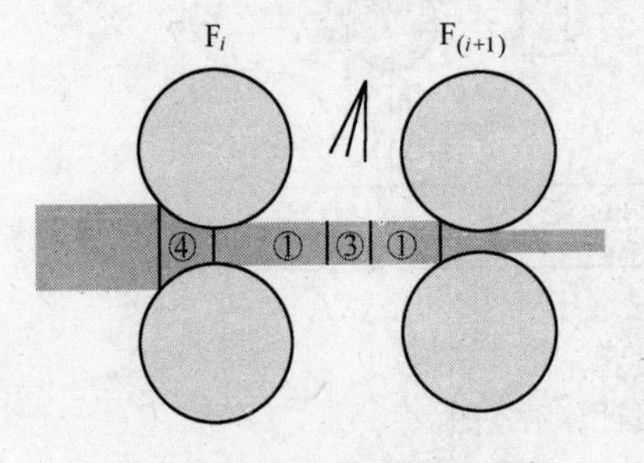

图 8-12　区域 2~区域 10 冷却边界条件示意图

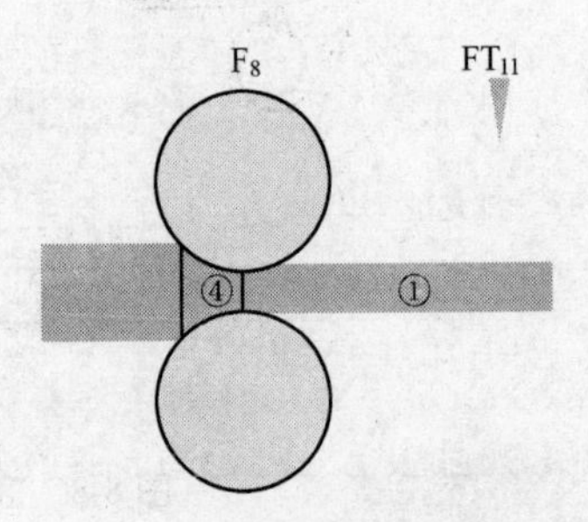

图 8-13　区域 11 冷却段冷却边界条件示意图

注：①空冷区；②为除鳞水冷区；③机架间喷水冷却区，在机架间喷嘴“OFF”的情况下转换为空冷区；④咬入区。

8.8 设备负荷的计算

对于精轧区每一机架进行以下计算，如图 8-14 所示。

8.9 辊缝计算

辊缝计算是根据弹跳方程计算得出，如下式所示：

$$s = h - [f(F) + s_{wear} + s_{exp} + \Delta s_{error}]$$

式中 h——根据负荷分配得出的各机架出口厚度，mm；

$f(F)$——轧机弹跳值，mm；

s_{wear}——轧辊磨损量，mm；

s_{exp}——轧辊热膨胀量，mm；

Δs_{error}——零点学习量，mm。

负荷分配量，根据标准负荷分配曲线得出，相应的负荷分配系数，可由模型维护工具进行修改；

轧机刚度拟合曲线：

$$s(F) = k_{i,1} \cdot F^{0.5} + k_{i,2} \cdot F^{1.0} + k_{i,3} \cdot F^{1.5} + k_{i,4} \cdot F^{2.0}$$

根据现场实际，轧辊磨损量包括支承辊磨损和工作辊磨损两部分，其中支承辊的磨损与工作辊磨损一同考虑，计算公式采用如下公式：

$$s_{wear} = \alpha \times \xi_i \times l \times \frac{F_i}{w \times l_{arc,i}}$$

式中 α——轧辊材质影响项；

ξ_i——轧辊磨损系数，mm；

l——轧制长度，mm；

F——实测轧制力，kN；

w——宽度补偿量，mm；

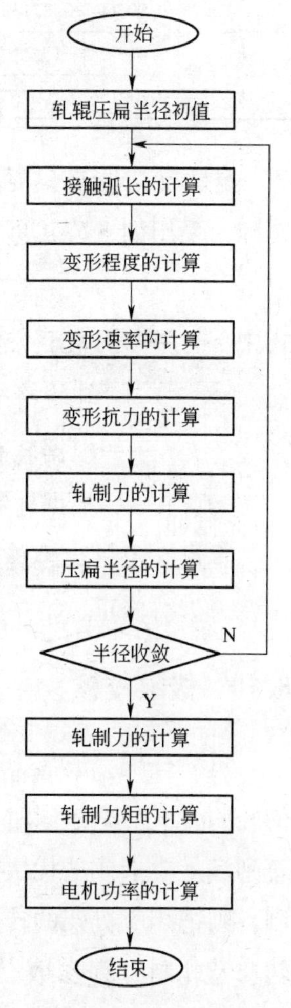

图 8-14 轧机负荷计算流程图

$l_{arc,i}$——接触弧长，mm。

轧机刚度曲线拟合系数见表8-8。

表 8-8 轧机刚度曲线拟合系数

机架	1	2	3	4	5	6	7	8	9
k_1	0.16049	-0.11474	0.10307	0.47809	-0.01833	0.06415	0.06014	0.08572	0.25166
k_2	0.00569	0.27133	0.04089	-0.26363	0.13269	0.09222	0.08659	0.06911	-0.05828
k_3	0.01343	-0.07317	0.0037	0.10707	-0.0169	-0.00802	-0.00316	0.00142	0.04326
k_4	-0.00156	0.00767	-0.0006	-0.01177	0.00163	0.00096	0.00015	-0.00012	-0.00497

轧辊热膨胀量只要是轧制过程中，由轧辊温度的上升造成的，根据现场实际，采用如下公式进行计算：

$$s_{exp} = s_{exp}^{+} + s_{exp}^{-} = k_i + f(t)$$

式中 s_{exp}^{+}——轧辊热涨量，mm；

s_{exp}^{-}——轧辊冷缩量，mm；

k_i——根据轧制规格得出的轧辊热膨胀量，mm；

$f(t)$——根据轧制时间间隔和冷却水关系得出的轧制冷缩量，mm。

零点学习量为辊缝位置的自学习量，只要是根据计算值和实测值之间的误差来进行修正。

8.10 极限校核

负荷分配完成后，要进行轧制力、功率和轧辊转速的校核。当任一机架的轧制力或功率超限时，需修正目标负荷分配比，对轧制规程重新进行计算，直到满足要求或迭代次数超限为止；当任一机架的轧辊转速超出速度锥的限制，则把相应机架的转速设为极限值，并按秒流量方程重新计算其他各机架转速及轧制过程参数[13~15]。当迭代计算超限无法收敛时，发出警告或警报信息。

8.11 设定值的下发

通过前述计算，最终确定精轧机轧制规程的所有设定值，经由RAS过程通讯平台，下发至L1执行，并同时发送至HMI供操作人员查看。

8.12 精轧设定物理模型

数学模型是实现带钢热连轧计算机控制的基础，广义的数学模型不但包括数学公式，还包括表格等，带钢热连轧设定系统综合运用数学公式及图表等来完成基准值的计算。带钢热连轧精轧过程设定系统主要涉及如下数学模型：

（1）温度模型；

（2）轧制力模型；

（3）轧制力矩模型；

（4）电机功率模型；

（5）轧制速度模型；

（6）辊缝模型。

8.12.1 温度模型

带钢在精轧区的热量传递可分为变形区外和变形区内两种情形。在变形区外，带钢的传热过程主要包括水冷传热（高压水除鳞和机架间喷水冷却）和空冷传热两部分。在变形区内，带钢的传热过程主要包括带钢与轧辊的接触传热、带钢与轧辊的摩擦热以及带钢变形热[34~36]，如图 8-15 所示。

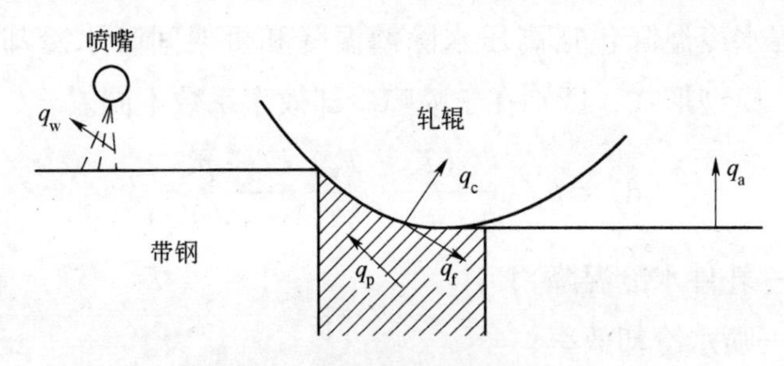

图 8-15 轧制过程换热示意图

q_w—带钢与冷却水的换热量；q_a—带钢与空气的对流及辐射换热量；q_c—带钢与轧辊接触的传热量；q_f—带钢与轧辊间摩擦生热量；q_p—塑性变形发热量

8.12.1.1 空冷温降模型

带钢的空冷温降主要是辐射造成的热量损失，同时也存在空气对流冷却，但高温时辐射损失远远超过了对流损失，一般在1000℃左右温度下对流损失只占总热量损失的5%~7%，因此可以只考虑辐射损失，而把其他影响都包含在根据实测数据确定的热辐射率ε中。

$$dT=-2\cdot\varepsilon\cdot\sigma[(T_S+273)^4-(T_a+273)^4]\cdot\left(\frac{1}{h}+\frac{1}{w}\right)\frac{1}{c_{p_s}(T_S)\cdot\gamma_S(T_S)}d\tau$$

式中 dT——轧件空冷温降,℃;

ε——热辐射率，0.65~0.70;

σ——斯蒂芬-玻耳兹曼常数，4.88×10^{-8}kcal/(m^2·hr·℃);

T_S——轧件温度,℃;

T_a——环境温度,℃;

h——轧件厚度，m;

$c_{p_s}(T_S)$——轧件的比热容，kJ/(kg·℃);

$\gamma_S(T_S)$——轧件的密度，kg/m^3;

$d\tau$——热辐射时间，h。

因为轧件的比热和密度是温度的函数，所以当热辐射时间较长时，需要将时间分割为若干区间，分段进行计算。

8.12.1.2 水冷温降模型

轧制过程水冷温降包括高压水除鳞温降和机架间喷水冷却温降两部分，两者采用同一模型形式，区别在于喷嘴冷却效率系数不同。

$$dT=k_T\cdot\frac{(T_S-T_W)\cdot f_S\cdot p_S}{h\cdot v\cdot c_{p_s}(T_S)\cdot\gamma_S(T_W)}$$

式中 dT——轧件水冷温降,℃;

k_T——喷水冷却效率;

T_S——轧件温度,℃;

T_W——冷却水温度,℃;

f_S——喷嘴水流量，L/min;

p_S——喷嘴水压，MPa;

h——轧件厚度，m;

v——轧件速度，m/s;

$c_{p_s}(T_S)$ ——轧件的比热容，kJ/(kg · ℃)；

$\gamma_S(T_W)$——轧件的密度，kg/m³。

8.12.1.3 变形区温度模型

带钢在轧辊中轧制时的换热过程比较复杂，包括两个相互矛盾的换热过程，一是因为摩擦热及变形热而引起的带钢温升，另一是因为高温轧件与低温轧辊接触而引起的带钢温降。

A 带钢与轧辊摩擦热数学模型

带钢在轧辊中轧制，因带钢与轧辊表面速度不一致而产生摩擦热，摩擦热引起的带钢温升按下式计算。

$$\begin{cases} dT_f = 2 \cdot \alpha_f \cdot \dfrac{2.3419}{1000} \cdot \mu \cdot \dfrac{K_m \cdot \Delta V \cdot \Delta\tau \cdot 10^6}{c_p \cdot \gamma \cdot (H + 2h)/3} \\ \Delta V = \dfrac{V \cdot (f_s^2 + f_b^2)}{2 \cdot (f_s + f_b) \cdot (1 + f_s)} \end{cases}$$

式中 dT_f ——摩擦热引起的轧件温升，℃；

α_f ——摩擦热增益系数；

μ ——摩擦系数；

K_m——变形抗力，kg/mm²；

$\Delta\tau$——轧制时间，s；

c_p ——带钢的比热容，kJ/(kg · ℃)；

γ ——带钢的密度，kg/m³；

H ——轧机入口带钢厚度，mm；

h ——轧机出口带钢厚度，mm；

V ——轧机出口带钢速度，m/s；

f_s ——前滑率；

f_b ——后滑率。

B 带钢变形热数学模型

带钢在轧辊中轧制发生塑性变形，其中一部分变形能转化为热，因变形热引起的带钢温升按下式计算。

$$dT_d = \alpha_d \cdot \frac{K_m \cdot \ln(H/h)}{c_p \cdot \gamma} \cdot J_1 \cdot 10^6$$

式中 dT_d ——变形热引起的带钢温升，℃；

α_d ——变形热增益系数；

K_m ——变形抗力，kg/mm²；

H ——轧机入口带钢厚度，mm；

h ——轧机出口带钢厚度，mm；

c_p ——带钢的比热容，kJ/(kg·℃)；

γ ——带钢的密度，kg/m³；

J_1 ——转换常数（$J_1 = 1/427$），kJ/(kg·m)。

C 带钢与轧辊接触传热数学模型

带钢在轧辊中轧制，高温带钢与低温轧辊相互接触而产生的温降按下式计算。

$$\begin{cases} \Delta T_c = \alpha_c \cdot \dfrac{\beta \cdot (T_r - T_1)}{(H + 2h)/3} \sqrt{\dfrac{\kappa_s \cdot \Delta\tau}{\pi}} \cdot 4 \\ \beta = \dfrac{\lambda_r / \sqrt{\kappa_r}}{\lambda_s / \sqrt{\kappa_s} + \lambda_r / \sqrt{\kappa_r}} \end{cases}$$

式中 ΔT_c ——接触引起的带钢温降，℃；

α_c ——接触温降增益系数；

T_r ——工作辊温度，℃；

T_1 ——轧机入口带钢温度，℃；

H ——轧机入口带钢厚度，mm；

h ——轧机出口带钢厚度，mm；

$\Delta\tau$ ——轧制时间，s；

λ_r ——工作辊热传导率，kJ/(m·h·℃)；

κ_r ——工作辊导温系数，m²/h；

λ_s ——轧机热传导率，kJ/(m·h·℃)；

κ_s ——轧件导温系数，m^2/h。

8.12.2 轧制负荷模型

轧制力是轧制过程中一个非常活跃的因素，直接影响带钢的厚度及轧辊的变形。轧制力模型的精确与否直接影响成品带钢的厚度精度。东北大学轧制技术及连轧自动化国家重点实验室考虑了张力，轧件的弹性变形以及材料加工硬化等因素的对轧制力的影响，开发出了高精度的轧制力计算模型[20~22]。完整的轧制力模型包括变形抗力模型，轧辊弹性压扁模型及轧制力计算模型。

8.12.2.1 残余应变模型

带钢轧制过程，变形抗力不仅与变形条件和化学成分有关，而且还受到变形历程的影响。轧件在精轧机组中轧制随着温度的降低，回复和再结晶会变得不完全，进而产生加工硬化现象[37~39]；对于普碳钢一般890℃左右，回复和再结晶会变得不完全，而对于合金钢由于合金元素的作用，完全回复和再结晶所需的温度更高，加工硬化现象就更加明显，为了提高轧制力模型预报精度，必须考虑加工硬化对金属变形抗力的影响。

定义 X 为道次间再结晶的百分数，该参数是静态回复动力学的重要参数。

$$X = \begin{cases} 1 & \bar{\theta} \geqslant C_{rcy\ 0} \\ 1 - \exp\left[C_{rcy1} \left(\dfrac{t}{t_{0.5}} \right)^{C_{rcy2}} \right] & \bar{\theta} < C_{rcy\ 0} \end{cases}$$

式中 t——发生50%再结晶所需要的时间，$t_{0.5} = C_{rcy3}\, e_t^{-C_{rcy4}} \exp[C_{rcy5}/(3.14 \cdot (\bar{\theta} + 273))]$，s；

$\bar{\theta}$——机架间轧件的平均温度，℃。

因机架间回复和再结晶不完全，在下一机架入口所残余的应变按下式计算

$$e_0 = C_{rcy6}\ [(1 - X)\, e']^{C_{rcy7}}$$

式中 e'——前一机架变形程度；

e_0——机架入口残余应变。

8.12.2.2 变形抗力模型

变形抗力是轧制力方程中最活跃的因子。不同的钢种其模型参数差别较大，即使对于同一钢种其化学成分也是波动的。东北大学轧制技术及连轧自动化国家重点实验室开发的精轧过程设定系统提供了两种变形抗力模型供用户选择[40~44]。

A 改进的志田茂变形抗力模型

在志田茂变形抗力模型的基础上化学成分影响项以及残余应变的影响，如下式所示

$$K_m = \frac{2}{\sqrt{3}}\left[\sum_{i=1}^{7}\{C_{kmi}\rho_i\} + C_{km0}\right]\sigma$$

式中 K_m ——材料变形抗力，kg/mm^2；

ρ ——化学成分含量（C，Si，Mn，Mo，Nb，Ti，V），%；

C_{kmi} ——化学成分影响项系数，可根据实际轧制数据回归分析获得。

志田茂模型考虑了相变对变形抗力的影响，在相变临界温度的两侧采用了不同的变形抗力模型。模型中相变临界温度是碳当量的函数

$$T_d = 0.95\frac{C_{equ} + 0.41}{C_{equ} + 0.32}$$

$$\sigma = \begin{cases} 0.28\exp\left(\dfrac{5.0}{T} - \dfrac{0.01}{\rho_C + 0.05}\right)\left(\dfrac{u}{10}\right)^m\left[1.3\left(\dfrac{e}{0.2}\right)^n - 0.3\left(\dfrac{e}{0.2}\right)\right] & T \geqslant T_d \\ 0.28g\exp\left(\dfrac{5.0}{T_d} - \dfrac{0.01}{\rho_C + 0.05}\right)\left(\dfrac{u}{10}\right)^m\left[1.3\left(\dfrac{e}{0.2}\right)^n - 0.3\left(\dfrac{e}{0.2}\right)\right] & T < T_d \end{cases}$$

其中

$$g = 30.0(\rho_C + 0.90)\left\{T - 0.95\frac{\rho_C + 0.49}{\rho_C + 0.42}\right\}^2 + \frac{\rho_C + 0.06}{\rho_C + 0.09}$$

$$m = \begin{cases} (-0.019\rho_C + 0.126)T + (0.075\rho_C + 0.050) & T \geqslant T_d \\ (0.081\rho_C - 0.154)T + (-0.019\rho_C + 0.207) + \dfrac{0.027}{\rho_C + 0.320} & T < T_d \end{cases}$$

$$n = 0.41 - 0.07\rho_C \qquad T = \frac{T_{ave} + 273}{1000} \qquad e = \ln\left[\frac{1}{1-r}\right] + e_0$$

$$u = \frac{V_r}{\sqrt{R'H}} \frac{1}{\sqrt{r}} \dot{e} \qquad r = \frac{H - h}{H}$$

式中 u——变形速度，1/s；

e——变形程度；

r——压下率；

V_r——轧辊线速度，m/s；

R'——轧辊弹性压扁半径，mm；

H——机架入口带钢厚度，mm；

h——机架出口带钢厚度，mm。

B MRL 变形抗力模型

$$\left.\begin{aligned} K_m &= k_0\left\{1 + \left(\frac{k_s}{k_0} - 1\right)[1 - \exp(-Ce)]^m\right\} \\ k_0 &= C_{km34}\ln\left\{[C_{km35}Z]^{C_{km36}} + \sqrt{1 + ((C_{km35}Z)^{C_{km36}})^2}\right\}f(C) \\ k_s &= C_{km37}\ln\left\{[C_{km38}Z]^{C_{km39}} + \sqrt{1 + ((C_{km38}Z)^{C_{km39}})^2}\right\}f(C) \end{aligned}\right\}$$

式中 Z——文纳-霍洛曼参数 $Z = \dot{e}\exp[C_{km33}/(R(\bar{\theta} + 273))]$；

C——应变影响项系数 $C = C_{km40} + C_{41}\ln Z$；

m——应变硬化指数 $m = C_{km42} + C_{km43}\ln Z$；

e——考虑残余应变后的变形程度 $e = \ln\left[\frac{1}{1 - r}\right] + e_0$；

$\dot{e}$——平均应变速率 $\dot{e} = 2.31\left(\frac{1000V_p}{60\bar{h}}\right)\tan\left[0.4\sqrt{\left(\frac{H - h}{R^1}\right)}\right]$。

化学成分影响项系数 $f(C)$ 按下式计算

$$f(C) = C_{km8}\frac{f(\mathrm{C, Nb, Mn, Cr, Mo, V, Ti, P})}{f^*(\mathrm{C, Nb, Mn, Cr, Mo, V, Ti, P})}$$

其中，

$f(\mathrm{C, Nb, Mn, Cr, Mo, V, Ti, P}) =$

$(C_{km32} + C_{km17}[\mathrm{Nb}] + C_{km18}[\mathrm{Mn}] + C_{km19}[\mathrm{Cr}]^{C_{km20}} + C_{km21}[\mathrm{Mo}]^{C_{km22}} + C_{kmy23}[\mathrm{V}] +$

$C_{km24}[\mathrm{Ti}] + C_{km25}[\mathrm{P}].\exp\left[C_{km26} + C_{km27}[\mathrm{C}] + C_{kmy28}[\mathrm{C}]^2 + \frac{C_{km29} + C_{km30}[\mathrm{C}] + C_{km31}[\mathrm{C}]^2}{\bar{\theta} + 273}\right]$

式中 $f^*(C, \cdots)$ ——按钢族基准化学成分计算获得的化学成分影响项；

C_{kmi} ——变形抗力模型系数。

8.12.2.3 轧辊弹性压扁模型

轧辊在轧制力的作用下产生弹性压扁变形，目前通常采用希契科克的轧辊压扁公式进行计算。

$$\left.\begin{aligned} R' &= \left\{1 + \frac{C_0}{\left(\sqrt{H - h_m} + \sqrt{h - h_m}\right)^2} \cdot F\right\} \cdot R \\ h_m &= h\left(1 - (1 - \nu_s^{\ 2}) \frac{[k(\bar{e}, \dot{e}, \bar{\theta}) - t_s]}{E_s}\right) \end{aligned}\right\}$$

式中 $C_0 = \dfrac{16 \cdot (1 - \nu_0^{\ 2})}{\pi \cdot E_0}$；

R' ——轧辊弹性压扁半径，mm；

H ——机架入口带钢厚度，mm；

h ——机架出口带钢厚度，mm；

F ——轧制力，kN；

R ——轧辊原始半径，mm；

E_s ——工作辊杨氏模量，kg/mm^2；

ν_s ——泊松比，$\nu_s = 0.3$。

8.12.2.4 轧制力计算模型

轧制力模型考虑了张力以及轧件弹性变形的影响，如下式所示

$$\left.\begin{aligned} F &= F_{e1} + F_{e2} + [K_m(\bar{e}, e, \bar{\theta}) - (\alpha_1 \cdot T_s + \alpha_2 \cdot t_s)] \cdot l_d \cdot W \cdot Q_F \\ F_{e1} &= \frac{2}{3}\sqrt{Rh}\ [K_m(e_h, \dot{e}, \bar{\theta}) - t_s]^{1.5} \sqrt{\frac{(1 - \nu_s^2)}{E_S}} \\ F_{e2} &= \frac{H}{4}\sqrt{\frac{R}{H - h}}\ [K_m(e_h, \dot{e}, \bar{\theta}) - T_s]^2 \frac{(1 - \nu_s^2)}{E_s} \end{aligned}\right\}$$

其中，应力状态影响系数按志田茂公式计算：

$$Q_F = 0.8 + C\left(\sqrt{\frac{R'}{H}} - 0.5\right)$$

$$C = \begin{cases} \dfrac{0.052}{\sqrt{r}} + 0.016, & r \leqslant 0.15 \\ C = 0.2r + 0.12, & r > 0.15 \end{cases}$$

式中 r——压下率，$r = \dfrac{H - h}{H}$；

F——轧制力，kN；

W——带钢宽度，mm；

l_d——接触弧长度，mm；

K_m——材料变形抗力，MPa；

H——轧机入口带钢厚度，mm；

h——轧机出口带钢厚度，mm；

T_s——后张应力，MPa；

t_s——前张应力，MPa。

8.12.2.5 轧制力矩模型

轧制力矩计算的精确程度将直接关系到轧制功率计算的准确性，它与轧制力、压下量、外部摩擦、带钢张力等因素有关。热轧带钢经常采用的轧制力矩计算模型为：

$$G = \lambda \cdot l_d \cdot F$$

式中 G——轧制力矩，kN·m；

λ——力臂系数；

l_d——接触弧长度，mm；

F——轧制力，kN。

8.12.2.6 电机功率模型

轧制过程电机功率按下式计算：

$$P = 9.81 \cdot \frac{1}{\eta} \cdot \frac{2 \cdot V_r}{R} \cdot G$$

式中 P——电机功率，kW；

V_r——轧辊线速度，m/s；

R——轧辊半径，m；

G——轧制力矩，kN·m；

η——电机效率。

8.12.3 轧制速度模型

带钢热连轧过程的轧制速度模型包括流量方程、前滑模型以及轧辊转速模型，下面分别加以介绍。

8.12.3.1 秒流量方程

在带钢连轧过程中，带钢将各机架有机地联系起来。在稳定状态下，满足各机架间金属秒流量相等的原则。忽略轧件的宽展，流量模型为：

$$h_i \cdot v_i = h_n \cdot v_n$$

式中 h_i——第 i 机架出口轧件厚度，mm；

v_i——第 i 机架出口轧件速度，m/s；

h_n——精轧机组出口轧件厚度，mm；

v_n——精轧机组出口轧件速度，m/s。

8.12.3.2 前滑模型

前滑率的计算采用经验统计型模型。

$F_1 \sim F_8$：

$$f = k_1 \cdot \varepsilon + k_2 + \{k_3 \cdot \varepsilon + k_4\} \cdot \sqrt{\frac{h}{R}}$$

FE：

$$f = \frac{\varepsilon}{4}$$

式中 f——前滑率；

$k_1 \sim k_4$——前滑模型系数；

ε——压下率；

h——第 i 机架出口厚度，mm；

R——第 i 机架轧辊半径，mm。

8.12.3.3 轧辊转速模型

根据初始穿带速度及前滑计算每一机架轧辊转速。当轧辊转速计算值大于最大允许值时，轧辊转速取最大允许值。

$$r_i = v_n \cdot \frac{h_n}{2 \cdot \pi \cdot R \cdot h_i}$$

式中 r_i——第 i 机架转速，m/s；

v_n——精轧末架穿带速度，m/s；

R——轧辊半径，mm；

h_n——精轧末架出口厚度，mm；

h_i——精轧第 i 机架出口厚度，mm。

8.12.4 辊缝模型

精轧机组辊缝设定得准确与否直接决定了产品的厚度精度，在每次换辊之后，测量轧机的刚度数据，利用这些数据用线性插值的方法来计算轧机辊缝。此外，当支撑辊采用油膜轴承时，还应考虑油膜厚度对辊缝的影响。

$$S = h - f(F) + S_{磨损} + S_{膨胀} + S_{宽度} + S_{油膜} + S_{零点} + S_{error}$$

式中 S——空载辊缝，mm；

h——轧件出口厚度，mm；

$f(F)$——轧机弹跳值，mm；

$S_{磨损}$——轧辊磨损项，mm；

$S_{膨胀}$——轧辊热膨胀补偿项，mm；

$S_{宽度}$——宽度补偿项，mm；

$S_{油膜}$——油膜补偿项，mm；

$S_{零点}$——辊缝零点补偿项，mm；

S_{error}——辊缝学习量，mm。

8.12.5 精轧模型自学习计算

带钢热连轧过程具有多变量、强耦合、非线性及时变性等特点，而过程控制用数学模型由于其实时性要求，一般都采用的都是一些简化公式，再加之检测仪表也存在一定的测量误差，因此设定模型中的参数必然存在一定的误差。精轧自学习功能将设定模型再预测值与实际值进行比较，采用平滑指数法计算自学习系数，用于后续钢的设定计算，从而使设定值更接近实际值。精轧自学习计算包括前滑、轧制力、电机功率、温度和压下位置 5 个方面。在精轧机组出口，实测数据采集完毕后，触发精轧模型自学习计算。

系统模型自学习具有如下特点：

（1）自学习过程采用再预测值，因此可以进行离线学习。

（2）各个模型可单独进行学习，当部分测量数据无效时，仅对相关模型自学习产生影响，不影响其他模型的自学习，这样有利于加快模型学习速度。

带钢热连轧过程具有多变量、强耦合、非线性及时变性等特点，而过程控制用数学模型由于其实时性要求，一般都采用的都是一些简化公式，再加之检测仪表也存在一定的测量误差，因此设定模型中的参数必然存在一定的误差。精轧自学习功能将设定模型再预测值与实际值进行比较，采用平滑指数法计算自学习系数，用于后续钢的设定计算，从而使设定值更接近实际值。精轧自学习计算包括前滑、轧制力、电机功率、温度和压下位置 5 个方面。在精轧机组出口，实测数据采集完毕后，触发精轧模型自学习计算。

系统模型自学习具有如下特点：

（3）自学习过程采用再预测值，因此可以进行离线学习。

（4）各个模型可单独进行学习，当部分测量数据无效时，仅对相关模型自学习产生影响，不影响其他模型的自学习，这样有利于加快模型学习速度。

（5）精轧自学习计算流程如图 8-16 所示：

1）自学习计算预处理。模型自学习计算预处理对实际采样数据进行滤波处理，获得自学习计算所需要的有效实际数据。

2）数据的采集方法。模型自学习计算有连续扫描和快速扫描两种不同的数据采集方法，其中快速扫描数据用于辊缝模型的自学习，而同步扫描数据用于其他模型的自学习。

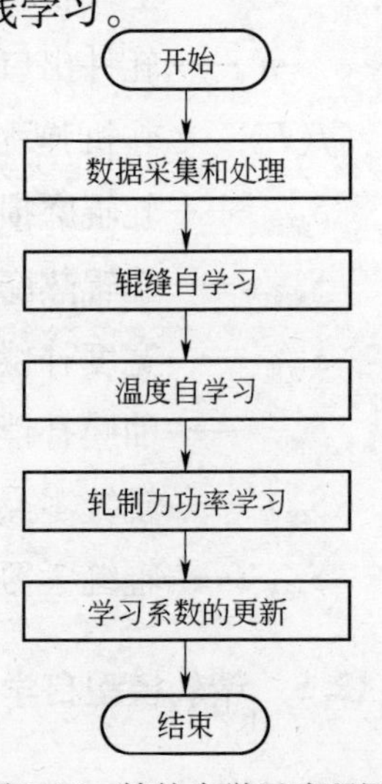

图 8-16　精轧自学习流程图

快速扫描：

所谓快速扫描是指当精轧机组末机架咬钢加一段延迟之后，同时采集各机架的相关数据，如图 8-17 所示。

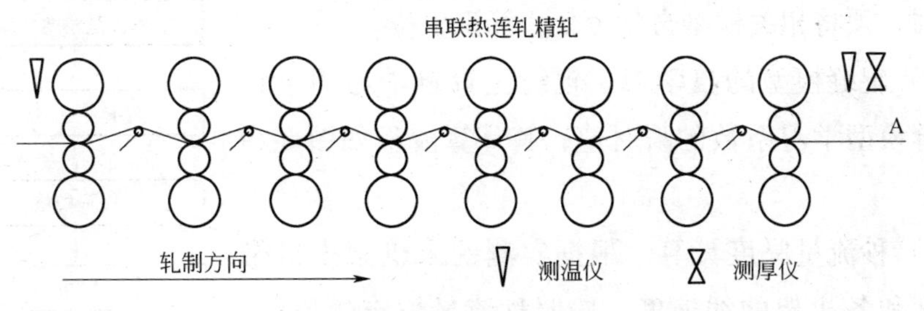

图 8-17 快速扫描示意图

具体包括如下数据：轧制力；电机功率；辊缝；电机转速；活套角；精轧出口高温计测量温度；精轧出口测厚仪厚度。

连续扫描：

连续扫描采集轧件同一部位的数据，用于轧制力、温度、功率和前滑模型的自学习。连续扫描当机架咬钢或检测仪表检得加一段延迟之后开始采集数据，如图 8-18 所示。

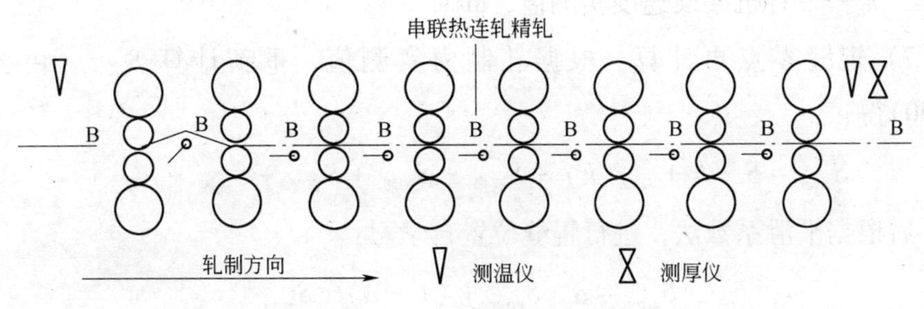

图 8-18 连续扫描示意图

具体包括如下数据：轧制力；电机功率；轧辊辊缝、速度；机架间张力；机架冷却喷嘴状态；精轧出口高温计测量温度；精轧出口测厚仪厚度；精轧出口测宽仪宽度。

3）实测数据处理。采集到的样本数据经过滤波处理后，才能用于模型的自学习计算。数据处理采用下述方法，首先将所测得数据进行滤波处理，此法可以排除仪表假信号等异常信号；后将有效数据进行均值处理，之后在经过方差处理，最后将位于平方差之内的有效数据进行二次均值处理，最后得出的数据即为自学习所有的数据。

4）实测数据有效性检查。经滤波处理厚的数据，需要经过极限检查，以保证正常的计算。当输入数据无效时，须将相关模型自学习禁止标识置位。

5）辊缝模型的自学习。辊缝位置自学习用于计算辊缝模型学习系数的瞬时值，其计算流程如图 8-19 所示。

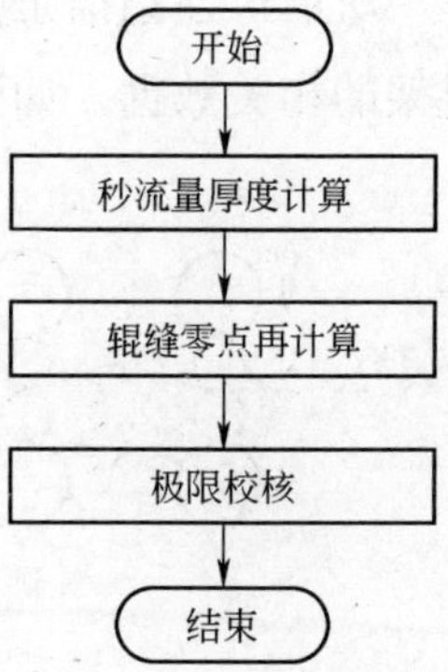

开始 → 秒流量厚度计算 → 辊缝零点再计算 → 极限校核 → 结束

图 8-19 辊缝位置自学习流程图

6）秒流量厚度计算。根据实测的末机架出口带钢厚度和各机架的线速度，按照秒流量恒定的原则，计算各机架秒流量厚度：

$$h_i = \frac{[(1+f_{末})\cdot v_{末}]\cdot h}{(1+f_i)\cdot v_i} \qquad (i=1\sim7)$$

式中 h ——精轧出口测厚仪实测厚度，mm；

h_i——各机架秒流量厚度，mm；

f_i——前滑设定计算值，mm；

v_i——各机架线速度实测值，m/s。

7）辊缝零点再计算。根据轧制力实测值，重新计算 S_{error}，由公式(2-30)得：

$$S_{error} = S - h + [f(F) + S_{磨损} + S_{膨胀} + S_{宽度} + S_{油膜} + S_{零点}]$$

后根据平滑系数法，进行辊缝位置自学习：

$$S_{error} = \alpha \cdot S_{error} + (1-\alpha)\cdot S_{error}$$

8）极限校核。压下位置学习系数应该落在一定范围内，若超出此范围，则学习无效，学习异常标识置位；若学习系数在此范围内，则可正常进行学习。

9）轧制力功率自学习。依据实际的轧制条件（轧件运输时间，实际除鳞方式，机架间喷嘴组态，实际轧制速度以及各机架实际出口厚度等），采用 FSU 相关数学模型对精轧机轧制力、电机功率及精轧区出口温度进行再计算，为自学习计算提供预测值。轧制力功率再计算流程如图 8-20 所示。

10）再计算数据准备。以实际数据（FSB 模式，机架间喷水冷却模式，轧件实际运行时间等）及厚度实测值，进行个参数的再次计算，之后计算学习系数瞬时值，进行学习系数的而更新。

11）温度自学习。当带钢经过经杂货出口高温计时，获得精轧出口温度实测值，与带钢设定计算时的温度预报值相比较，获取温度预报偏差值 ΔT_{error}：

$$\Delta T_{error} = FDT_{实测} - FDT_{预报}$$

式中　$FDT_{实测}$——精轧出口温度实测值,℃；

$FDT_{预报}$——温度预报值,℃。

$FDT_{预报}$ 是调用温度模型，根据实测的轧制力、速度以及机架间冷却喷嘴状态等，再次计算精轧机组出口温度。

ΔT_{error} 进行极值判断和平滑处理之后，对温度学习系数进行更新。

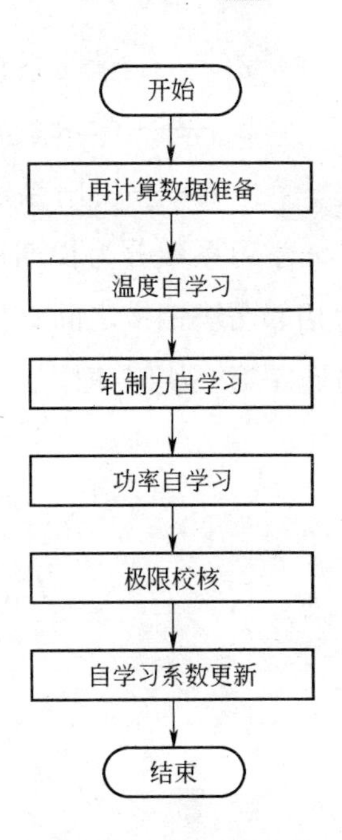

图 8-20　设定值再计算流程图

12）轧制力自学习。根据相应计算公式，以及辊缝自学习和温度自学习之后的新的学习系数，以连续扫描数据为基础，重新计算轧制力。

13）功率自学习。根据相应计算公式，以及辊缝自学习，温度自学习和功率自学习之后的新的学习系数，以连续扫描数据为基础，重新计算个电机功率。

14）极限校核。自学习之后的数据需进行极限校核，若超限自学习计算功能将会退出。

15）自学习系数的更新。当轧制力和功率自学习完成之后，将会获得轧制力和功率的再计算值，根据再计算值，可以获得学习系数瞬时值，记为 $\delta_{瞬时}$：

$$\delta_{瞬时} = \frac{F_{实测}}{F_{再计算}} \text{ 或 } \delta_{瞬时} = \frac{P_{实测}}{P_{再计算}}$$

新的学习系数按下式计算：

$$\delta_{new} = \alpha \cdot \delta_{瞬时} + (1 - \alpha) \cdot \delta_{old}$$

式中　δ_{new}——学习系数当前值；

$\delta_{瞬时}$——学习系数瞬时值；

δ_{old}——学习系数上次使用值（层别数据）；

α——平滑系数。

学习系数分为长期自学习系数和短期自学习系数，其中短期自学习系数为相邻两块钢带之间直接继承的系数，而长期自学习系数主要是当带钢换规格轧制第一块时使用。

结　　语

广东揭阳850mm不锈钢生产线，RAL采用了一系列具有自主知识产权的专用技术，主要包括如下4方面：

（1）过程控制平台采用了2012年RAL最新开发的RAS轧机工程控制系统［简称；RAS］V1.0（登记号2012SR066924）和“RAS过程机和监控系统通讯组建系统V1.0”（登记号2012SR113573）；

（2）基于DP和工业以太网的数据采集及分析系统采用了2013年最新开发的ralHisgraph softwareV1.0（登记号2013SR093080）；

（3）所有热轧线均采用油压传感器代替昂贵的进口测压头，并通过专有技术实现了基于油压对轧制力进行间接测量的高精度的压力AGC控制功能，为用户节省了投资；

（4）监控AGC采用了RAL 2009年开发的专利技术：一种基于测厚仪反馈信号的高精度板带轧制厚度控制方法（专利号ZL200910012699.2），确保了板带钢轧制过程的高精度厚度控制。

在中宽带钢热连轧控制中，实现了两级计算机系统的全自动轧制。在轧制过程中，操作工只对轧机的辊缝倾斜量进行微调，其轧制辊缝、张力、轧制速度等所有参数，均由2级计算机自动设定。通过基础自动化系统实现了带钢热连轧过程高精度的自动厚度控制（AGC）、自动宽度控制（AWC）、微张力控制（TFC）和连轧活套高度和张力的解耦智能控制，实现了地下卷取机的助卷辊自动踏步控制（AJC）。由于这一系列独有先进控制技术的采用，可以保证换辊或换规格的第2块钢的厚度和宽度精度100%命中，成品带钢宽度偏差可以控制在0~3mm之内，厚度为2mm的带钢厚度偏差可控制在±15μm内。

系统的创新主要是采用分区隔离、多层子网和主干网相结合，通用以太网与专用快速数据交换网相结合和大量使用现场总线I/O的结构。特别适合于多厂商产品大型复杂自动化系统的集成，提高了系统的可靠性和兼容性。

开发出过程控制计算机系统监控运行平台，包括进程和线程的管理、数据管理、在线系统诊断和维护、系统模拟功能。提供数据通讯、轧件跟踪，轧制过程模型和报表打印的调试维护工具。研制多种高性能的轧制过程数学模型，创造了一种系统快速双重化切换方式，形成了具有自主知识产权的热连轧两级自动化系统的成套技术。

参考文献

[1] 孙一康．带钢热连轧的模型与控制［M］．北京：冶金工业出版社，2002.

[2] 镰田正诚．板带连续轧制［M］．北京：冶金工业出版社，2002.

[3] 李旭．提高冷连轧带钢厚度精度的策略研究与应用［D］．沈阳：东北大学，2009.

[4] 张进之．热连轧机负荷分配方法的分析和综述［J］．宽厚板，2004，10（3）：14~21.

[5] 黄贞益．带钢精轧机组负荷分配探讨［J］．钢铁技术，2001，(05)：19~24.

[6] 李海军．热轧带钢精轧过程控制系统与模型的研究［D］．沈阳：东北大学，2008.

[7] 日本钢铁协会．板带轧制理论与实践［M］．北京：中国铁道出版社，1990.

[8] 武贺，吕立华．板带轧机负荷分配方法的综述［J］．控制工程，2009，16（增刊）：6~17.

[9] 王萍，邹美娟，李胜祗，等．热连轧带钢负荷分配法的进展［J］．安徽工业大学学报，2001，18（04）：295~299.

[10] 祝孔林，单旭沂．精轧负荷分配自动实现技术及应用［J］．钢铁，2007，42（01）：45~49.

[11] 罗永军，王长松，曹建国．兼顾板形的热连轧机负荷分配的优化［J］．北京科技大学学报，2005，27（01）：94~97.

[12] 告野昌史，关口邦男，安部可治．荷重比配分に基づくオンラインパススケヅユール计算法の实用化［J］．塑性と加工，1996，37（430）：1207~1211.

[13] Li Haijun, Xu Jianzhong. Improvementon conventional load distribution algo-rithm in hot tandem mills［J］. Journal of Iron and Steel Research (International), 2007, 14（02）：36~41.

[14] 徐俊，周莲莲，胡海东．冷连轧机在线负荷设定技术的研究［J］．中国冶金，2007，17（07）：16~18.

[15] 吕程，赵启林，刘立忠．热连轧精轧机组负荷分配的优化算法［J］．钢铁研究学报，2001，13（01）：26~29.

[16] 孙一康．带钢热连轧数学模型基础［M］．北京：冶金工业出版社，1979.

[17] 小田高士，滨涡修一，菊间敏夫．先进率测定に基づいた热间压延时の摩擦系数の推定と压延荷重の予测精度の向上：スケジユールフリ-压延扩大技术［J］．塑性と加工，1995，36（416）：948~953.

[18] 闫勇亮．热连轧精轧机组负荷分配设定中的 POS 算法应用研究［D］．沈阳：东北大学，2005.

[19] 姚峰，杨卫东，张明．改进粒子群算法及其在热连轧负荷分配中的应用［J］．北京科技大学学报，2009，31（08）：1061~1066.

[20] 赵适宜．基于改进遗传算法的热连轧精轧机组负荷分配优化研究［D］．沈阳：东北大学，2005.

[21] 孙晓光．热轧带钢轧机精轧机组负荷分配的协同人工智能设定模型开发［D］．沈阳：东北大学，1996.

[22] S. Xiaoguang, H. Ning. Application of synergetic artificial intelligence to the scheduling in the finishing train of hot strip mills［J］. Journal of materials processing technology, 1996 (60): 405~408.

[23] 王廷溥．金属塑性加工学［M］．北京：冶金工业出版社，1988.

[24] W. Johnson, H. Kudo. The Use of Upper Bound Solution for The Deformation of Temperature Distribution in Fast Hot-Rolling and Axisymmetric Extrusion Process［J］. International Journal of Mechanical Sciences, 1960, 3 (01): 175~191.

[25] S. I. Oh, Shiro Kobayashi. An approximate method for a three-dimensional analysis of rollin［J］. International Journal of Mechanical Sciences, 1975, 17 (04): 293~305.

[26] 连家创．变分法求解辊缝中金属横向流动问题［J］．燕山大学学报，1980 (01).

[27] 赵志业，王国栋．现代塑性加工力学［M］．沈阳：东北大学出版社，1986.

[28] 刘洋，周旭东，刑建斌，等．带钢热连轧过程轧制力有限元模拟［J］．河南科技大学学报（自然科学版），2006，27 (06)：1~4.

[29] Youngsoo Yea, Youngsoo Ko, Naksoo Kim, et al. Prediction of spread, pressure distribution and roll force in ring rolling process using rigid-plastic finite element method［J］. Journal of materials processing technology, 2003, 140 (1-3): 478~486.

[30] C. G. Sun, H. D. Park, S. M. Hwang. Prediction of three dimensional strip temperatures through the entire finishing mill in hot strip rolling by finite element method［J］. ISIJ International, 2002 (42): 629~635.

[31] Yu Hailiang, Liu Xianghua, Zhao Xianming, et al. Explicit Dynamic FEM Analysis of Multipass Vertical-Horizontal Rolling［J］. Journal of Iron and Steel Research International, 2006, 13 (03): 26~30.

[32] Duan Xinjian, Terry Sheppard. The influence of the constitutive equation on the simulation of a hot rolling process［J］. Journal of materials processing technology, 2004, 150 (1-2): 100~106.

[33] 时旭，刘相华，王国栋，等．弯辊力对带钢凸度影响的有限元分析［J］．轧钢，2006，23 (03)：10~13.

[34] 周家林，闫文青，李立新，等．热连轧带钢温度场的有限元分析［J］．上海金属，2004，26 (05)：30~33.

[35] 李壬龙，孔祥伟，王秉新，等．轧辊温度场及轴向热凸度有限元计算［J］．钢铁研究学报，2000，12（增刊）：51~54.

[36] Takashi. Oda, Naoki. Satou, Toshiki. Yabuta. Adaptive Technology for Thiekness Control of Finisher Set-up on Hot Strip Mill［J］. ISIJInternational, 1995, 35（01）：42~49.

[37] Z. Y. Liu, W. D. Wang, W. Gao. Prediction of the mechanical properties of hot-rolled C-Mn steels using artificial neural networks［J］. Journal of materials processing technology, 1996, 57（02）：332~336.

[38] Shashi Kumar, Sanjeev Kumar, Prakash. Prediction of flow stress for carbon steels using recurrent self-organizing neural fuzzy networks［J］. Expert Systems with Applications, 2007,（32）：777~788.

[39] 张晓峰，王哲，王国栋，等．基于自适应模糊神经系统的热轧精轧机组动态设定系统［J］．东北大学学报（自然科学版），2000，21（03）：283~285.

[40] 王秀梅，王国栋，刘相华．综合神经网络在热连轧机组轧制压力预报中的应用［J］．钢铁研究学报，1998，10（04）：72~74.

[41] 吕程，王国栋，刘相华，等．基于神经网络的热连轧精轧机组轧制力高精度预报［J］．钢铁，1998，33（03）：32~35.

[42] Nicklause F P, Dieter L, Gunter S, et al. Application of neural networks in rolling mill automation. Iron and Steel Engineer［J］. 1995（02）：33~36.

[43] Dukman Lee, Yongsug Lee. Application of neural-network for improving accuracy of roll-force model in hot-rolling mill［J］. Control Engineering Practice, 2002（10）：473~478.

[44] 郑晖，龚殿尧，王国栋，等．利用BP网络预测板材力学性能的软件开发［J］．钢铁研究学报，2007，19（07）：54~57.

[45] 吕程，朱洪涛，王国栋，等．利用遗传算法优化板坯立轧短行程控制曲线［J］．钢铁研究学报，1998，10（05）：19~22.

[46] 王秀梅，王国栋，刘相华，等．热连轧轧制力模型系数回归的新方法［J］．东北大学学报（自然科学版），1999，20（05）：522~524.

[47] J. Larkiola, P. Myllykoski, J. Nylander, et al. Prediction of rolling force in cold rolling by using physical models and neural computing［J］. Journal of materials processing technology, 1996, 60（1-4）：381~386.

[48] 井口弘明．ほか．冷间タンデムミル板厚精度诊断エキスパートシステム［J］．川崎制铁技报，1991，23（03）：225~228.

[49] 小西正躬．ほか．アルミ箔ミル形状制御エキスパートシステム［J］．神户制钢技报，1991，40（03）：23~25.

[50] 周旭东，王国栋．五机架冷连轧 AGC 模糊小脑模型学习控制 [J]．东北大学学报（自然科学版），1997，18（03）：279~283.

[51] 刘兴华，韩继金．模糊控制的厚度计 AGC [J]．钢铁研究，2001（02）：42~45.

[52] 刘建昌．基于神经网络的自适应厚度控制 [J]．钢铁，1999，34（11）：33~36.

[53] 王粉花，孙一康，陈占英．基于模糊神经网络的板形板厚综合控制系统 [J]．北京科技大学学报，2003，25（02）：182~184.

[54] 孙蕾，王焱．AGC 控制技术的发展过程及趋势 [J]．济南大学学报（自然科学版），2007，21（03）：222~225.

[55] 陈东宁，姜万录，王益群，等．冷连轧机相对油膜厚度的测试与建模 [J]．润滑与密封，2007，32（09）：77~80.

[56] 陈建华，张其生，李冰，等．中厚板轧机油膜厚度模型的研究 [J]．钢铁，2001，36（11）：42~45.

[57] 刘涛，王益群，王海芳，等．冷轧 AGC 静-动压轴承油膜厚度的分析与补偿 [J]．机床与液压，2005（08）：62~65.

[58] 方一鸣，李建，王海芳，等．油膜厚度补偿在冷连轧机自动厚度控制系统中的应用研究 [J]．冶金自动化，2006（06）：40~44.

[59] 王哲英．轧辊偏心滤波算法及仿真研究 [D]．沈阳：东北大学，2003.

[60] Chicharo J F, Tung S N. A Roll Eccentricity Sensor for Steel-strip Rolling Mills [J]. IEEE Transactions on Industry Applications, 1990, 26 (06): 1063~1069.

[61] 李勇，刘相华，王君，等．轧辊偏心及其控制问题的分析与展望 [J]．轧钢，2006，23（05）：43~47.

[62] 边海涛，杨荃，钟恬，等．基于 RBF 神经网络的轧辊偏心补偿控制 [J]．钢铁，2007，42（11）：42~44.

[63] 朱义国，毛志忠，刘赤兵．带钢轧制中轧辊偏心控制问题的综述 [J]．基础自动化，1998（03）：1~4.

[64] 童朝南，张飞．热轧板带头尾厚度精度控制技术 [J]．钢铁，2005，40（04）：46~48.

[65] 丁修堃．轧制过程自动化 [M]．北京：冶金工业出版社，2005.

[66] 钟云峰，谭树彬，徐心和．热连轧前馈厚度控制系统的研究与应用 [J]．东北大学学报（自然科学版），2009，30（2）：169~171.

[67] 杨自厚．热连轧机 AGC 系统 [J]．东北大学学报（自然科学版），1979（02）：92~103.

[68] V. B. Ginzburg. High-quality steel rolling: theory and practic [M]. New York: Marcel Dekkor Inc, 1993.

[69] W. G. Jenkins. Sparrows Point 56 in. Hot Strip Mill Gauge Control System [J]. Iron and Steel

Engineer, 1969, 46 (6): 79~88.

[70] 高橋亮一，美坂佳助. Gaugemetev AGC の 进步 [J]. 塑性と加工, 1975, 16 (168): 25~31.

[71] 解恩普，高小雅. 带钢热连轧机前馈厚度最优控制 [J]. 冶金自动化, 1986, 10 (03): 43~48.

[72] 山下了也，美坂佳助，长谷登，等. 熱延フィードフォワードAGCの開発 [J]. 住友金属, 1976, 28 (1): 16~21.

[73] 陈振宇，张显东. 热连轧机自适应前馈厚度调节系统的仿真研究 [J]. 自动化学报, 1981 (04).

[74] 王立平，王贞祥，刘建昌，等. 热连轧机厚度最优前馈控制研究 [J]. 控制与决策, 1995, 10 (03): 244~249.

[75] 武玉新，曹振江. 带钢热连轧机变刚度和最优前馈分析与实现 [J]. 基础自动化, 1996 (04): 36~39.

[76] 黄涛，曹建国，张杰. 带钢热连轧机 KFF-AGC 系统的研究与应用 [J]. 武汉科技大学学报, 2009, 32 (1): 41~44.

[77] 张飞，童朝南，孙一康，等. 针对尾部厚跃的热轧自适应硬度前馈控制 [J]. 冶金自动化, 2006, 30 (5): 29~33.

[78] 张进之. 热连轧厚度自动控制系统进化的综合分析 [J]. 重型机械, 2004 (03): 1~10.

[79] 张进之. 压力 AGC 数学模型的改进 [J]. 冶金自动化, 1982 (03): 15~20.

[80] 刘相华，胡贤磊，杜林秀. 轧制参数计算模型及应用 [M]. 北京：化学工业出版社, 2007.

[81] 李晋霞，张力勇，王佳夫. 实验测量轧制前滑值的误差分析 [J]. 有色矿冶, 2001, 17 (3): 23~39.

[82] 李虎兴. 前滑模型形式的探讨 [J]. 武汉科技大学学报（自然科学版）, 1980 (02): 10~17.

[83] A. H. 采列柯夫. 轧钢机的力学参数计算理论 [M]. 北京：中国工业出版社, 1965.

[84] 齐作玉. 轧钢前滑值的研究 [J]. 河南冶金, 1995 (01): 43~45.

[85] Kikai K, Kako Y, Ataka M, et al. Accuracy of plate thickness in plate mill [J]. Journal of the JSTP, 1984, 25 (11): 981~986.

[86] 张进之. 动态设定型变刚度厚控方法的效果分析 [J]. 重型机械, 1998 (01): 30~34.

[87] 王君，张殿华，王国栋. 厚度计型和动态设定型 AGC 的统一性证明 [J]. 控制与决策, 2000, 15 (3): 333~335.

[88] 程卫国，冯峰，王雪梅．MATLAB5.3 精要、编程及高级应用 [M]．北京：机械工业出版社，2000.

[89] 云舟工作室．MATLAB 6 数学建模基础教程 [M]．北京：人民邮电出版社，2001.

[90] 孙祥，徐流美，吴清．MATLAB7.0 基础教程 [M]．北京：清华大学出版社，2005.

[91] 李国勇，谢克明．控制系统数字仿真与 CAD [M]．北京：电子工业出版社，2003.

[92] 薛定宇，陈阳泉．基于 MATLAB/Simulink 的系统仿真技术与应用 [M]．北京：清华大学出版社，2002.

[93] 施阳．MATLAB 语言精要及动态仿真工具 SIMULINK [M]．西安：西北工业大学出版社，1997.

[94] 李颖，朱伯立，张威．Simulink 动态系统建模与仿真基础 [M]．西安：西安电子科技大学出版社，2004.

[95] 曾伟．一种轧机厚度监控系统的研究 [D]．西安：西安理工大学，2008.

[96] 严刚峰，赵宪生．模糊控制器在延迟控制系统中的应用 [J]．自动化技术与应用，2003，22（10）：22~24.

[97] Smith O J. A Controller to Overcome Dead Time [J]. ISA Journal, 1959, 6 (2): 28~33.

[98] Lu X, Yang Y S, Wang Q G, et al. A Double Two-Degree-of-Freedom Control Scheme for Improved Control of Unstable Delay Process [J]. Journal of Process Control, 2005 (15): 605~614.

[99] 张殿华，李旭，张浩，等．辊缝型监控 AGC 纯滞后补偿控制器的算法设计及应用 [J]．钢铁，2008，43（6）：52~55.

[100] Ibrahim Kaya. Improving Performance Using Cascade Control and Smith Predictor [J]. ISA Transactions (S0019-0578), 2001, 40 (2): 223~234.

[101] Dongkwon Lee, Moonyong Lee, Suwhan Sung, et al. Robust PID Tuning for Smith Predictor in the Presence of Model Uncertainty [J]. Journal of Process Control, 1999 (9): 79~85.

[102] 韩如成，李霄峰，王亚慧．大时滞系统模糊自整定 Smith 预估补偿控制方案的研究 [J]．钢铁，1999，34（4）：52~55.

[103] 韩立强，李志宏．一种改进结构的 Smith 预估器及在轧机 AGC 中的应用 [J]．河北大学学报（自然科学版），2004，24（2）：130~134.

[104] 庞鸣静，刘建昌．前馈与 Smith 预估厚度自动控制 [J]．基础自动化，1999，6（6）：1~4.